住房城乡建设部土建类学科专业"十三五"规划教材
全国住房和城乡建设职业教育教学指导委员会规划推荐教材

BIM 技术导论

（土建类专业适用）

潘俊武　王　琳　主　编

王君峰　主　审

中国建筑工业出版社

图书在版编目（CIP）数据

BIM 技术导论/潘俊武，王琳主编. —北京：中国
建筑工业出版社，2018.7（2023.11重印）
住房城乡建设部土建类学科专业"十三五"规划教
材　全国住房和城乡建设职业教育教学指导委员会规
划推荐教材（土建类专业适用）
ISBN 978-7-112-22273-5

Ⅰ. ①B… Ⅱ. ①潘… ②王… Ⅲ. ①建筑设计-
计算机辅助设计-应用软件②BIM Ⅳ. ①TU201.4

中国版本图书馆 CIP 数据核字（2018）第 110315 号

本教材共分三篇，第一篇 BIM 基础知识，包括三个教学单元，分别为 BIM 概述及发展历程、BIM 标准、BIM 应用的相关软硬件及技术；第二篇 BIM 在项目全生命周期中的应用，包括四个教学单元，分别为 BIM 在决策阶段的应用、BIM 在设计阶段的应用、BIM 在施工阶段的应用、BIM 在运营阶段的应用；第三篇 BIM 在大数据环境下的拓展应用，包括一个教学单位，为 BIM 与 BIM＋。

本书适合高职院校建筑工程技术及相关专业的教学用书。

为便于本课程教学，作者自制免费课件资源，索取方式为：1. 邮箱 jckj@cabp.com.cn；2. 电话（010）58337285；3. 建工书院 http://edu.cabplink.com.

责任编辑：朱首明　李天虹　司　汉
责任校对：李美娜

住房城乡建设部土建类学科专业"十三五"规划教材
全国住房和城乡建设职业教育教学指导委员会规划推荐教材

BIM 技术导论
（土建类专业适用）

潘俊武　王　琳　主　编
王君峰　主　审

*

中国建筑工业出版社出版、发行（北京海淀三里河路9号）
各地新华书店、建筑书店经销
霸州市顺浩图文科技发展有限公司制版
建工社（河北）印刷有限公司印刷

*

开本：787×1092毫米　1/16　印张：9½　字数：218千字
2018年8月第一版　　2023年11月第四次印刷
定价：**28.00**元（赠教师课件）
ISBN 978-7-112-22273-5
（32161）

前 ● 言

　　BIM 技术是建筑业现代化的核心技术之一，也是建设类院校当前和将来很长一段时间内人才培养和社会服务的重点内容。面对社会大环境对 BIM 人才的需求，加快 BIM 相关的教育培训、解决人才与社会需求脱节的状态已经迫在眉睫。为了适应行业对 BIM 人才的需求，提高 BIM 技术的应用能力与管理能力，我们编写了这本书。

　　本书以工程企业 BIM 人才需求为目标，以相关理论知识"够用"为度，在向读者介绍 BIM 在建筑工程全生命周期中的实践应用时，对读者在知识方面进行总体引导和必要的知识介绍。在教学单元 1 和教学单元 6，本书附有附加案例数字资源，供广大读者学习使用。

　　本书共分为 8 个教学单元，其中教学单元 1、2、6 由浙江建设职业技术学院潘俊武（高级工程师，国家一级注册结构师）编写，教学单元 4、5 由广东建设职业技术学院王咸锋（副教授）编写，教学单元 3、7、8 由浙江建设职业技术学院王琳（讲师）编写。潘俊武负责本书的统稿与定稿工作。全书由北京谷雨时代教育科技有限公司 BIM 教育研究院院长王君峰审阅。在本书编写过程中，得到了浙江省建筑业技术创新协会、杭州品茗安控信息技术股份有限公司等单位和专家的大力支持，为我们提供了资料和帮助，在此一并表示感谢！

　　本书除了作为建筑工程技术及相关专业的教学用书外，也可作为建筑行业的管理人员和技术人员的培训用书。

　　由于编者水平有限，不妥之处在所难免，敬请读者批评指正。

CONTENTS

目 ◦ 录

第三篇 BIM 在大数据环境下的拓展应用

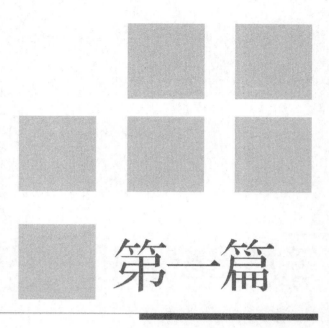

第一篇

BIM 基础知识

教学单元1

BIM 概述及发展历程

【教学目标】通过本单元的学习，使学生理解 BIM 的概念与内涵；了解 BIM 的发展历史及其在国内外的发展状况；熟悉 BIM 的可视化、参数化、模拟性、优化性、可出图性等技术特征；熟悉 BIM 在建筑工程的利益相关方：业主、设计单位、施工企业和运维单位的行业应用价值；了解当前 BIM 推行中出现的障碍和问题；了解 BIM 工程师的岗位分类与素质要求，能结合自身条件，根据岗位要求明确自己的定位，有针对性地去学习技能。

近年来，建筑行业为了提高行业效率与质量，竞相推广应用国际上新兴的 BIM 技术，尤其是在大型的复杂工程中，BIM 技术的应用越来越凸显其价值。它能更快消化设计方案、更快发现设计和施工中的问题，精确导出工程数据，用于生产计划、备料、控制进度、保证质量，保证安全等。BIM 技术作为建筑信息化建设的重要措施和必然趋势，被认为是引领建筑信息走向更高层次的技术。

那么，"BIM"究竟是什么呢？

1.1　BIM 的概念与内涵

1.1.1　什么是 BIM

我们通常说的 BIM 是 Building Information Modeling 的简称，翻译成中文即为：建筑信息模型，是以建筑工程项目的各项相关信息数据为基础，建立建筑模型，通过数字信息仿真模拟建筑物所具有的真实信息。通过三维建筑模型，可以为规划、设计、施工、运营提供项目全生命周期的信息化过程管理。BIM 不再像 CAD 一样只是一款软件，而是一种管理手段，是实现建筑业精细化、信息化管理的重要工具。

BIM 起源于 20 世纪 70 年代，最早由美国佐治亚理工大学建筑与计算机学院的查可·易斯特曼（Chuck Eastman）教授提出。BIM 是以三维数字技术为基础，集成了建筑工程项目整个生命周期内的各项相关信息数据的工程模型，通过数字信息仿真模拟建筑物的真实信息。这个信息模型，能够连接建筑项目生命期不同阶段的数据、过程和资源，可以对工程对象进行完整描述，因此，可被建设项目各参与方普遍使用。建筑信息模型是一种应用于规划、设计、施工、运维管理的数字化方法，这种方法支持建筑工程的集成管理环境，使建筑工程在其整个过程中显著提高质量和效率（图 1-1）。

BIM 的定义和解释有多种版本，不断演化，并没有形成统一的理解。

美国国家 BIM 标准委员会将 BIM 定义为：

（1）BIM 是一个建设项目物理和功能特性的数字表达；

（2）BIM 是一个共享的知识资源，能够分析建设项目的信息，为该项目全生命周期中的决策管理提供可靠的依据；

（3）在项目的不同阶段，各参与方可在 BIM 中插入、提取、更新和修改信息，以支持和反映各方职责范围内协同作业。

Autodesk 定义 BIM 为：建筑信息模型是指建筑物在设计和建造过程中，创建和使用的"可计算数字信息"。而这些数字信息能够被程序系统自动管理，使得经过这些数字信息所计算出来的各种文件，自动地具有彼此吻合、一致的特性。

国际标准组织设施信息委员会（Facilities Information Council）将 BIM 定义为：在

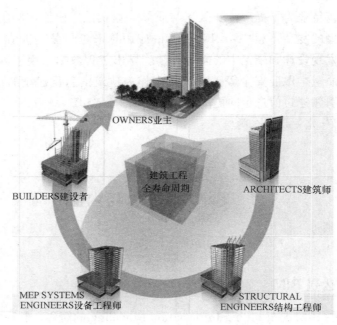

图 1-1　建筑物的全生命周期

开放的工业标准下对设施的物理和功能特性及其相关的项目生命周期信息的可计算或可运算的形式表现，从而为决策提供支持，以便更好地实现项目的价值。

近年来，BIM 技术得到了越来越广泛的应用。经过近几十年国内外建筑行业的实际应用，BIM 技术已被确认为未来建筑业最先进、最具有竞争力的技术，是引领建筑业信息技术走向更高层次的一种新技术。

1.1.2　BIM 的内涵

BIM 从本质上来讲，就是建设信息化。如果我们仅在项目的某个阶段，例如设计阶段应用 BIM，这时的 BIM 是狭义的 BIM；但实际上 BIM 的内涵要比这个丰富得多。如果我们把 BIM 应用于建设项目的全生命周期，那就称为广义 BIM。

BIM 正在不断地发展之中，它的应用范围及所涵盖的内容越来越宽泛。

"B"为 building，它代表的不仅仅是建筑物，而是建筑领域。目前，BIM 的应用已经超越了建设对象是单纯房屋建筑的局限，越来越多地应用在水利工程、城市规划、市政工程、桥梁隧道、风景园林等建筑领域的各个方面，这使我们看到 BIM 的应用范围越来越广阔。

"I"是 information，也就是建设领域中所包含的信息，比如门窗的参数、墙面的材料、项目的进度等，都是建筑领域的信息。对一个建筑物而言，从它的规划、设计、施工、管理到使用、维护至报废拆除，即全生命周期中的所有信息都可以被储存或调用。这样，简单的模型就可以变为复杂的信息中心。I 代表的是 BIM 的深度，是基于建设项目全生命周期管理的信息化过程，即使用信息化的方法和手段处理对待建设项目，包括专业信息的储存、传递等。

"M"，是 modeling，表现的是一个建模的过程，而不是一个模型。它是动态的，包含时间维度。具体而言，它是一种运营方式，不是一个产品，也不是一个或一类软件，而是一项涉及建造流程的活动。M 代表的是 BIM 的力度。随着 BIM 技术的不断推广应用，它的优势和效益不断显现出来，可以预期，BIM 终将改变整个工程建设行业，乃至改变我们的生活。

1.2　BIM 的发展历史与应用现状

1.2.1　BIM 的发展历史

BIM 的概念最早出现在美国，它的应用也起始于美国。其雏形最早可追溯到 20 世纪 70 年代。如前文所述，1975 年，美国的查可·易斯特曼（Chuck Eastman）教授提出了 BIM 的概念：

"Building information modeling integrates all of the geometrics and capabilities, and piece behavior information into a single interrelated description of a building project over its lifecycle. It also includes process information dealing with construction schedules and fabrication processes."

翻译为："建筑信息建模集成了所有的几何特征和功能要求，并将行为信息集成到一个关于构建项目生命周期的单个相关描述中。它还包括处理施工进度和制造过程的过程信息。"

由于查可·易斯特曼提出的理论和作出的种种设想与 BIM 特点高度契合，查可·易斯特曼因此被称为"BIM 之父"。

此后 20 多年，关于 BIM 的理论研究在世界范围得到了迅速的发展。1986 年，罗伯特·艾使（Robert Aish）在论文《Building modeling：the key to integrated construction CAD》（建筑模型：集成化建造 CAD 的关键）中提出了建筑模型的概念，并提出三维建模、施工进度模拟等我们今天所知的 BIM 的相关技术。

21 世纪之前的 BIM 研究由于受到技术条件和水平的限制，一直停留在理论探索层面，并未在实际工程中得到应用。进入 21 世纪后，随着计算机软硬件水平的迅速发展，BIM 所需的核心技术得到快速发展和应用。自 2002 年以来，BIM 的研究从学术研究转为实践应用研究，BIM 技术在全球范围内得到了迅速的推广应用。

1.2.2 BIM 在国外的发展状况

美国的 BIM 应用与研究走在世界的前列。目前，美国大多数建筑项目已经应用 BIM，政府和行业协会也出台了各种 BIM 标准。2003 年起，美国总务管理局（GSA）通过其下属的公共建筑服务处开始实施一项被称为国家 3D-4D-BIM 计划的项目，提出从 2007 年起所有大型项目都要应用 BIM，并陆续发布了一系列 BIM 指南。至 2012 年，美国工程建设行业采用 BIM 的比例已达 71%。

随着 BIM 在美国的快速发展，英国、北欧国家、日、韩、新加坡等发达国家也开始重视并扩张，目前，这些国家的 BIM 应用水平得到了快速提高。

与大多数国家不同的是，英国政府强制要求使用 BIM。2011 年 5 月，英国内阁办公室发布了"政府建设战略"文件，其中有整个章节关于建筑信息模型，提出明确要求，到 2016 年，政府要求全面协同 3D-BIM，并将全部的文件以信息化管理。

北欧国家如挪威、丹麦、瑞典和芬兰，是一些主要的建筑业信息技术的软件厂商所在地，如 Tekla 和 Solibri，因此，这些国家是世界上最早一批采用基于模型设计的国家。由于北欧气候寒冷，冬天漫长，建筑的预制化显得尤其重要，这便促进了基于模型的 BIM 技术的发展。由于当地气候的要求以及先进建筑信息技术软件的推动，BIM 技术的应用主要是企业的自觉行为。如芬兰的一家叫 Senate Properties 的国有企业，也是芬兰最大的物业资产管理公司，在 2007 年发布了一份建筑设计的 BIM 要求，自 2007 年 10 月 1 日起，Senate Properties 的项目仅强制要求建筑设计部分使用 BIM，其他设计部分可根据项目情况自行决定是否采用 BIM 技术，但目标将是全面使用 BIM。

在日本，大量的设计公司、设计企业在 2009 年开始使用 BIM。多家日本 BIM 软件商在 IAI 日本分会的支持下，以福井计算机株式会社为主导，成立了国家级国产解决方案软件联盟。日本建筑学会于 2012 年 7 月发布了日本 BIM 指南，从 BIM 团队建设、数据处理、设计流程、应用 BIM 进行预算、模拟等方面，为日本的设计院、施工企业应用 BIM 提供了指导。

在韩国，多家政府机关都致力于 BIM 标准的制定。2010 年 1 月，韩国国土交通海洋部发布了《建筑领域 BIM 应用指南》；2010 年 12 月，韩国公共采购服务中心发布了《设施管理 BIM 应用指南》。政府计划于 2016 年前实现全部公共工程的 BIM 应用。

从 1982 年开始，新加坡建筑与工程局（BCA）就开始引进 BIM 技术首创建筑业的自动化审批流程。为了鼓励早期的 BIM 应用者，于 2010 年成立了一个 600 万新币的 BIM 基金，用于鼓励和补贴建筑公司在 BIM 技术的使用和普及。任何企业都可以申请，申请的企业必须派员工参加 BCA 学院组织的 BIM 建模/管理技能课程。从 2011 年起，BCA 联合政府部门在 BIM 技术的推广方面起到模范带头作用，要求所有政府施工项目都必须使用 BIM 模型。BCA 强制性要求提交建筑 BIM 模型（2013 年起）、结构与机电

BIM 模型（2014 年起），于 2015 年前，强制性执行电子化纲递交建筑、结构、电机的审批图作，并在 2015 年，强制性要求所有建筑面积大于 5000m² 的项目都必须使用 BIM 模型。

1.2.3 BIM 在国内的发展状况

2003 年，BIM 技术开始进入中国内地的建筑工程行业。目前的应用以设计公司为主，虽然就应用的广度和深度而言，尚处于初级阶段，但政府及行业协会、设计单位、施工单位、科研院校等越来越重视 BIM 的应用价值和推广。相比国外，政府在政策上给予了大力支持。前者是市场推进政策，后者是政策推进市场。

2011 年 5 月 20 日，住房和城乡建设部（简称住建部）在发布的《2011—2015 年建筑业信息化发展纲要》中指出："十二五期间，基本实现建筑企业信息系统的普及应用，加快建筑信息模型（BIM）、基于网络的协同工作等新技术在工程中的应用，推动信息化标准建设，促进具有自主知识产权软件的产业化，形成一批信息技术应用达到国际先进水平的建筑企业。"

2012 年 1 月，住建部《关于印发 2012 年工程建设标准规范制订修订计划的通知》中立项了中国 BIM 标准的制定工作。其中包含五项 BIM 相关标准：《建筑工程信息模型应用统一标准》、《建筑信息模型分类和编码标准》、《建筑工程信息模型存储标准》、《建筑工程设计信息模型交付标准》、《制造工业工程设计信息模型应用标准》（详见本书 2.2 介绍）。

2013 年 8 月，在《关于征求推荐 BIM 技术在建筑领域应用的指导意见（征求意见稿）的函》中，住建部提出："2016 年起政府投资的 2 万平方米以上大型公共建筑以及申报绿色建筑项目的设计、施工采用 BIM 技术；截至 2020 年，完善 BIM 技术应用标准、实施指南，形成 BIM 技术应用标准和政策体系；在有关奖项，如全国优秀工程勘察设计奖、鲁班奖（国家优质工程奖）及各行业、各地区勘察设计奖和工程质量最高的评审中，设计应用 BIM 技术的条件。"

2014 年 7 月 1 日，住建部在《关于推进建筑业发展和改革的若干意见》中明确指出："推进建筑信息模型（BIM）等信息技术在工程设计、施工和运行维护全过程的应用，提高综合效益，推广建筑工程减隔震技术，探索开展白图代替蓝图、数字化审图等工作。"同年，上海、北京、广东、山东、陕西、辽宁等各地区相继出台了具体的地方政策，推动和指导 BIM 的应用。

2015 年 7 月 1 日，住建部发布了《推进建筑信息模型应用指导意见》，对建筑信息模型推进目标作了明确的阐述：

"（1）到 2020 年末，建筑行业甲级勘察、设计单位以及特级、一级房屋建筑工程施工企业应掌握并实现 BIM 与企业管理系统和其他信息技术的一体化集成应用。

（2）到 2020 年末，以下新立项项目勘察设计、施工、运营维护中，集成应用 BIM 的项目比率达到 90%：以国有资金投资为主的大中型建筑；申报绿色建筑的公共建筑和绿色生态示范小区。"

2016 年 8 月，住建部发布《2016—2020 年建筑业信息化发展纲要》，对"十三五"期间，建筑信息化进程做出全盘规划。《2016—2020 年建筑业信息化发展纲要》的政策要点为：

（1）对勘察设计类企业，推进基于 BIM 进行数值模拟、空间分析和可视化表达，研究构建支持异构数据和多种采集方式的工程勘察信息数据库，实现工程勘察信息的有效传递和共享。在工程项目策划、规划及监测中，集成应用 BIM、GIS、物联网等技术，对相关方案及结果进行模拟分析及可视化展示。在工程项目设计中，普及应用 BIM 进行设计方案的性能和功能模拟分析、优化、绘图、审查，以及成果交付和可视化沟通，提高设计质量。推广基于 BIM 的协同设计，开展多专业间的数据共享和协同，优化设计流程，提高设计质量和效率。研究开发基于 BIM 的集成设计系统及协同工作系统，实现建筑、结构、水暖电等专业的信息集成与共享。

（2）对施工类企业，普及项目管理信息系统，开展施工阶段的 BIM 基础应用。有条件的企业应研究 BIM 应用条件下的施工管理模式和协同工作机制，建立基于 BIM 的项目管理信息系统。开展 BIM 与物联网、云计算、3S 等技术在施工过程中的集成应用研究，建立施工现场管理信息系统，创新施工管理模式和手段。

（3）对工程总承包类企业，研究制定工程总承包项目基于 BIM 的多参与方成果交付标准，实现从设计、施工到运行维护阶段的数字化交付和全生命期信息共享。

（4）大力推进 BIM、GIS 等技术在综合管廊建设中的应用，建立综合管廊集成管理信息系统，逐步形成智能化城市综合管廊运营服务能力。

（5）在海绵城市建设中积极应用 BIM、虚拟现实等技术开展规划、设计，探索基于云计算、大数据等的运营管理，并示范应用。加快 BIM 技术在城市轨道交通工程设计、施工中的应用，推动各参建方共享多维建筑信息模型进行工程管理。在"一带一路"重点工程中应用 BIM 进行建设，探索云计算、大数据、GIS 等技术的应用。

总之，BIM 成为"十三五"建筑业信息技术发展的重要内容。

2017 年，住建部通过《工程质量安全提升行动季度报表》发布通报，将 BIM 技术列入政绩考核。规定从 2017 年第二季度开始，要求各省按季度报送工程质量安全提升行动进展情况，每季度填报并全国公示。颁布通知中，住建部把 BIM 技术单独立项填报，明确列出工程技术进步情况：即在设计、施工阶段集成应用 BIM 技术的工程个数。此举措推进全国提升行动顺利实施，进一步推动了信息化标准建设。

在《施工总承包企业特级资质标准》中，政府把 BIM 应用和装配式建筑的业绩作为考核资质的标准。BIM 的应用由过去政府的鼓励变成了强制组建 BIM 管理团队、掌握 BIM 知识、应用 BIM 进行生产成为现在企业生存的中枢神经。

在如此密集的政策推动下，中国第一高楼——上海中心、北京第一高楼——中国尊、华中第一高楼——武汉中心等应用 BIM 的中国工程项目层出不穷（图 1-2）。在国内，目前 BIM 的应用以大型、复杂项目为主，国家投资项目占主导地位，BIM 应用主要由大型设计咨询企业和国外企业为项目提供技术支持。近年来，越来越多的招标项目要求工程建设采用 BIM 模式。部分企业开始加速 BIM 相关的数据挖掘，聚焦 BIM 在工程量计算、投标决策等方面的应用，并实践 BIM 的集成项目管理。

(a) 模型图　　　　　　　　(b) 施工模拟　　　　　　(c) 标准层 BIM 综合管线模型

图 1-2　上海中心大厦 BIM 模型

　　相比内地，香港的 BIM 发展主要靠行业自身的推动。香港房屋署从 2006 年起，已率先使用建筑信息模型，并自行订立 BIM 标准、用户指南、组建资料库等设计指引和参考。2009 年 11 月，香港房屋署发布了 BIM 应用标准。2010 年时，香港 BIM 学会主席梁志旋表示，香港的 BIM 技术应用目前已经完成从概念到实用的转变，处于全面推广的最初阶段。政府计划在 2014 年至 2015 年，将 BIM 应用作为所有房屋项目的设计标准。

　　台湾的政府层面对 BIM 的推动有两个方向。首先，对于建筑产业界，政府希望其自行引进 BIM 应用，官方并没有具体的辅导与奖励措施。其次，对于新建的公共建筑和公有建筑，其拥有者为政府单位，工程发包监督都受政府的公共工程委员会管辖，要求在设计阶段与施工阶段都以 BIM 完成。台北市、新北市、台中市的市政府，为了提高建筑审查的效率，参照学习新加坡的 e-Summision 做法，准备进行建筑管理的无纸化审查，将要求设计单位申请建筑许可时必须提交 BIM 模型。

　　台湾承接政府大型公共建设的大型工程顾问公司与工程公司，财力雄厚，对于 BIM 有大量的成功案例。2010 年元旦，台湾世曦工程顾问公司成立 BIM 整合中心，2011 年 9 月中兴工程顾问股份成立 3D/BIM 中心，此外亚新工程顾问股份有限公司也成立了 BIM 管理及工程整合中心。

　　早在 2007 年，台湾大学与 Autodesk 签订了产学合作协议，重点研究建筑信息模型（BIM）及动态工程模型设计。2009 年，台湾大学土木工程系成立了 BIM 研究中心，建立技术研发、教育培训与应用推广的服务平台，促进 BIM 相关技术与应用的经验交流、成果分享、人才培养与产学研合作。2011 年 11 月，BIM 研究中心与淡江大学工程法律研究发展中心合作，出版了《工程项目应用建筑信息模型之契约模板》一书，并特别提供合同范本与说明，让用户能更清楚了解各项条文的目的、考虑重点与参考依据。高校的科学研究，极大地推动了台湾民众对于 BIM 的认知与应用。

1.3　BIM 的技术特征

从实际应用的角度来看，BIM 在建筑物的全生命周期中，具有以下技术特征：可视化、参数化、模拟性、优化性和可出图性。

1.3.1　可视化

◆拓展数字资源请扫描封面二维码，查看视频"1.3.1 可视化"

BIM 技术将建筑物以三维立体图的方式进行展示，方便参建各方浏览模型信息。建筑项目在规划、设计、施工和运营过程中的交底、讨论、决策都可以在可视化的状态下进行。

1. 规划、设计阶段

通过 BIM 技术，将二维的 CAD 图纸转化成三维模型，真实、直观地将建筑物的尺寸、材质和环境信息传递出来，使得不懂图纸的业主也能看懂并获得项目信息，减小了业主与设计师之间的沟通障碍。例如，在某项目中，通过建立完整的 BIM 模型，用于向业主方及相关政府部门展示及讨论方案。通过可视化的分析，方便各方更直观地优化和分析方案（图 1-3）。

图 1-3　真实渲染后的模型

BIM 还具有漫游和创建动画功能，可以对模型的各个细部进行展示。

2. 施工阶段

（1）通过软件模拟施工过程、确定施工方案，进行施工组织。

（2）展示施工中的复杂构造节点和关键施工进度节点。

（3）可视化的碰撞检查。

建立建筑、结构和设备模型后，将它们链接在一起，成为一个整体 BIM 模型。在软件中运行碰撞检查，生成碰撞检查报告，并将机电管线与土建或管线与管线间的碰撞点以三维方式主观展示出来（图 1-4）。

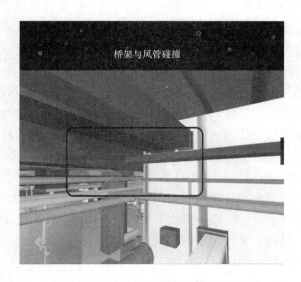

图 1-4 桥架与风管的碰撞展示

（4）机电管线综合后，优化部分可视化。

利用软件发现和解决存在的问题和障碍，提出改进方向。图 1-5 为排风风管的优化。

图 1-5 优化展示

1.3.2 参数化

参数化设计是 BIM 的一个重要思想，它分为两个部分：图元信息参数化和图元关系参数化控制。

图元信息参数化是指 BIM 中的图元都是以构件的形式出现，这些构件之间的不同，是通过参数的调整反映出来的，参数保存了图元作为数字化建筑构件的所有信息，包括图元中存储材质等非图元关系的参数，用于对建筑图元的管理。

图元关系参数化控制是指用户对建筑设计或文档部分作的任何改动都可以自动在其他相关联的部分反映出来，采用智能建筑构件、视图和注释符号，使每一个构件都通过一个变更传播引擎互相关联。构件的移动、删除和尺寸的改动所引起的参数变化会引起相关构件的参数产生关联的变化，任一视图下所发生的变更都能参数化地、双向地传播到所有视图，以保证所有图纸的一致性，无须逐一对所有视图进行修改，从而提高了工作效率和工作质量。

比如，如图 1-6 所示，利用 BIM 技术可以查看项目的三维图、平面图、立面图、剖面图和统计表，这些内容都自动关联在一起，存储在项目文件中。如果我们改动平面图中窗的尺寸，则对该项目中的数据库作了修改，那么，立面图、剖面图和三维图中该窗尺寸将同时作自动修改，统计表中也将同时体现更新了的数据。这也是 BIM 模型优越于 CAD 图纸的其中一个方面。

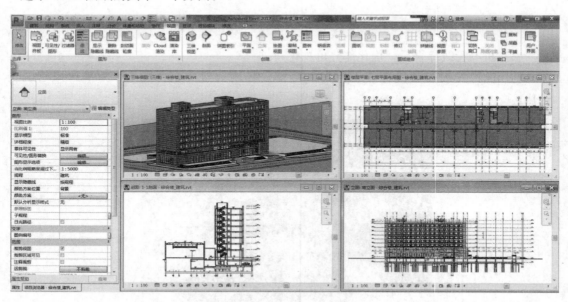

图 1-6 BIM 模型

参数化设计方法就是将模型中的定量信息变量化，使之成为任意调整的参数。对于变量化参数赋予不同数值，就可得到不同大小和形状的零件模型。BIM 中，参数化的可变参数不仅仅是尺寸等几何信息，还包含功能、材料、造价等非几何信息。

1.3.3　模拟性

BIM 的模拟性是指能对现实中的建设任务进行虚拟演示和分析。在设计阶段，可以利用模型进行模拟的实验，比如：节能模拟、日照模拟、紧急疏散模拟、交通流模拟、热能传导模拟等；在招投标和施工阶段，可以进行 4D 施工进度模拟（三维立体模型加上施工所需时间），从而确定合理的施工方案（图 1-7）；同时，还可以进行 5D 模拟（在 4D 模拟基础上加上成本信息），控制施工成本，甚至还可以整合能耗、传感器、应急预案等多维信息（nD 加各个方面的分析）。通过模拟，可以提早发现潜在问题，及时解决，以提高工程质量；在后期运营阶段，可以进行诸如地震时人员逃生模拟等日常紧急情况的处理方式模拟。

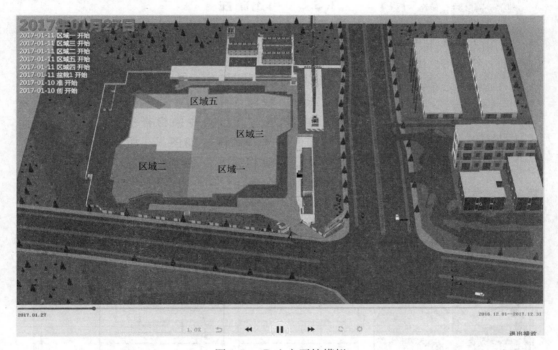

图 1-7　4D 土方开挖模拟

1.3.4　优化性

优化是指将事情尽可能地做到更好的意思。项目的优化受三样东西的制约：项目信息的完整程度、项目的复杂程度、项目提供的时间。没有准确的信息做不出合理的优化结果，BIM 模型提供了建筑物中真实存在的信息，利用这些信息来优化，如几何信息、物理信息、规则信息，建筑物变化以后的各种情况信息。现代建筑物的复杂程度大多超过参与人员本身的能力极限，必须借助一定的科学技术和设备的帮助，BIM 及与其配套的各种优化工具提供了对复杂项目进行优化的可能。在时间方面，BIM 技术可以实现实时的优化。一般来说，对于项目复杂程度较高的时候，信息越完备，项目周期越长其优化的效果越好。而 BIM 正好是可以实现建筑信息的高度集成与整合，而且还可以在项目的规定周期内进行分析，对整体进行优化。

基于 BIM 的优化可以做下面的工作：

（1）项目方案优化：把项目设计和投资回报分析结合起来，设计变化对投资回报的影响可以实时计算出来；这样业主对设计方案的选择就不会主要停留在对形状的评价上，而更多地可以使业主知道哪种项目设计方案更有利于自身的需求。

（2）特殊项目的设计优化：例如裙楼、幕墙、屋顶、大空间到处可以看到异形设计，这些内容通常是施工难度比较大和出现问题比较多的地方，对这些内容的设计施工方案进行优化，可以带来显著的工期和造价改进（图1-8）。

图 1-8　上海中心大厦的塔冠钢结构、幕墙与机电系统模型

1.3.5　可出图性

BIM 软件可以帮助业主输出以下图纸：

1. 各专业间的碰撞检查报告

在实际的施工图纸中，本专业之间或专业与专业之间往往会出现设计碰头与矛盾，利用 Navisworks 软件运行碰撞检查，并出具碰撞检查报告，可以方便对碰撞问题的解决、跟踪。如图 1-9 所示，上图所示为给水管与上方钢筋混凝土梁的碰撞，下图所示为水管与潜污泵位置相撞。

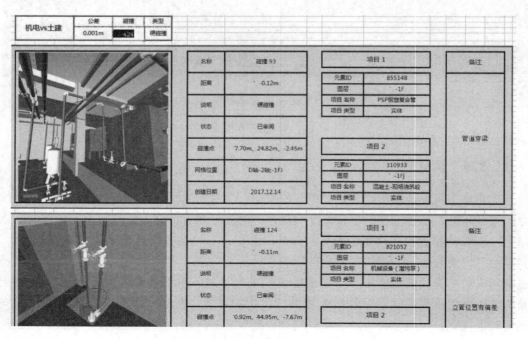

图 1-9　碰撞报告

2. 经过碰撞检查和设计优化后的综合管线图

图 1-10 所示为经过土建专业与设备专业图纸的碰撞检查，经设计修改，消除了相应错误后的水、暖、电综合管线图。

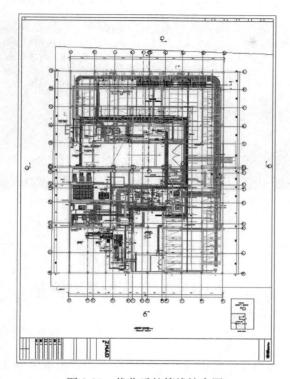

图 1-10   优化后的管线综合图

3. 构件加工指导图

在深化设计模型基础上，将相应构件、半成品加工信息提取并交付加工制作。图 1-11 所示为某工程基础顶板底部钢筋加工指导图，图 1-12 为钢筋加工现场。

图 1-11   某工程基础顶板底部钢筋加工图   图 1-12   钢筋加工现场

4. 综合结构留洞图（预埋套管图）

施工图纸中绘制的预留洞、预埋件在使用过程中容易出现偏差、遗漏，利用 BIM 模型可以提前发现预留洞、预埋件遗漏或不一致的地方（图 1-13）。

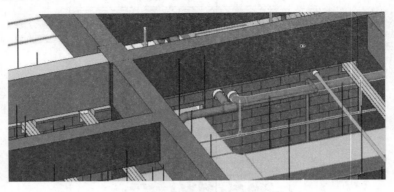

图 1-13   地下室预留洞开洞套管

1.4   BIM 的行业应用价值

BIM 作为贯穿建筑物全生命周期的一项技术，其应用价值涵盖从项目立项、设计、施工到后期运维等各个阶段，也因此牵涉到工程建设行业中的各个群体：业主、设计人员、施工人员、监理、开发商、材料销售商、物管人员等。如果我们把整个工程项目的运作过程看成是一条供应链，那么，在这条供应链上，涉及了多个利益相关方。在同一个项目背景下，不同的利益相关方有着不同的行为，不同的利益诉求，他们也同时承担着各自不同的责任。

自引入我国工程建设领域以来，BIM 带给行业巨大的变革，不仅体现在技术手段上，还体现在管理过程中，并贯穿于建筑全生命周期，其价值逐渐被认知并日益凸显。在工程中，将 BIM 作为建筑整合的管理工具，将大幅提升管理效率与品质，节省施工的时间和成本。在国外，BIM 给工程建设行业带来了彻底的变革，成为主要的生产方式；在国内，BIM 也在近 20 年来得到了迅速的发展。那么，BIM 究竟为这些利益相关方带来了哪些好处？又如何实现各利益相关方的多赢？下面，我们将就利益的主要相关方：业主、设计单位、施工企业和物业运维方四方面分析 BIM 在行业中的应用价值。

1.4.1   业主方面

业主是 BIM 应用服务的最终受益者，业主最关心的是通过采用 BIM 应用，可以获得什么价值。

BIM 从以下几方面影响了业主方的项目总成本：

1. 缩短工期，大幅度降低财务成本

在建筑工程项目中，由于设计错漏、设计更改、业主变更等原因而造成返工，导致增加直接成本，这笔数目相当庞大，距统计，约占项目建造总成本的 5% 左右。也就是说，如果一个项目的建造成本为 5000 万，那么该项目因返工而造成的浪费约为 250 万。应用 BIM 后的工程，通过建立模型后的碰撞检查和优化，可以有效减少设计错漏和更改，同时，由于模型的三维立体化以及信息的可读性，使业主方在项目建造之前就可以参与方案的比选、更改和优化，减少业主的事后变更。减少返工即缩短工期，减少财务成本，达到省钱的目的。

2. 提高建筑产品质量，提高产品售价

BIM 技术的应用，保证了高品质建筑产品的产生。

从项目策划阶段的可行性研究（例如通过 BIM 技术实现项目选址、地形地貌的详尽分析；利用相关分析软件，对建筑物进行日照、绿色等性能分析），到设计阶段的碰撞检查与优化设计，再到施工阶段的施工模拟，施工深化、优化施工方案，以及运维阶段的综合管理，保证了建筑产品的高品质，提高了产品的价格。

3. 提升运维效率，降低运维成本

根据美国国家 BIM 标准委员会的统计显示，一个建筑项目在建设阶段（包括策划、设计、施工等阶段）的成本在整个生命周期的成本中只有四分之一，而其余的费用则都发生在建筑物后期的维护和使用阶段。

利用好竣工 BIM 模型的数据库，将施工模型添加必要的运维信息成为运维模型，可以大幅提升运维效率，降低运维成本。通过信息管理平台对运维模型的管理，实现对建筑物的空间和设备资产的综合管理。比如，通过 BIM 直接定位复杂机电设备与构件信息，提高维护维修效率。随着运维平台的成熟，在这方面具有相当大的价值。

4. 控制造价与投资

基于 BIM 的造价管理，可以精确计算工程量，并可根据国际清单，给出相关定额，在投资维度为业主提供数据支撑，减少造价管理方面的漏洞。可以实现实时、动态、精确的成本分析，协助业主方提高对建设成本的管控力度。

通过可视化的三维模型，挂接进度与算量信息，真实模拟随着时间变化而推进的施工过程投资信息变化，提供了管控各方的新手段，增加了业主的管理话语权，使业主不再被动接受，可以依据模型，做到清晰明了，从而有效控制投资。

5. 提高项目协同能力，提升造价管理效率

BIM 技术作为一种信息化的集成应用手段，将设计、采购、施工等各方协同进行统一管理，众多的协作单位，可基于统一的 BIM 平台进行协同工作，联合集中处理和解决工程问题，有效地优化工程设计和施工质量，减少设计变更、工程索赔等问题，提升造价管理的工作效率。

6. 有助于项目数据的积累和共享

采用统一标准建立的三维模型，可以进行数据积累，且数据便于调用、对比和分

析，可以直接协助业主进行工程计价，提供必要的数据支持。同时，通过统一的数据接口，BIM 模型可以支持数据储存、传输及移动应用，支持了工程造价管理的信息化要求，也为后续的开发项目提供大量有用数据，以加快成本预测、方案选择等新项目的决策效率。

建立基于 BIM 的工程项目数字化档案，还可以减少图纸数量，降低项目数据管理成本。

在工程实践中，业主方是建设项目 BIM 应用的最大受益方，也是 BIM 应用的主要投资者，是推动 BIM 落地实现应用价值的根本动力。

1.4.2　设计单位

BIM 的使用，使得设计方从传统的 CAD 图纸中解放出来，不再纠结于如何用二维的施工图来表达复杂的三维空间的形体。一般来讲，通过 BIM 应用，设计方可以达到如下目的：

1. 直观展现设计意图，增强与各方的沟通

通过三维立体图，直观表达设计效果，加强与业主、施工方、材料供应商等各参与方的沟通，避免因与各方理解不同而造成反复变更和项目品质下降。

2. 提高设计效率

BIM 的自动协调更改功能使设计修改变得高效。只要对项目作出修改，由此产生的相应平、立、剖、详图等视图将会自动更改，显著提高了设计效率。

从 BIM 模型中可以导出二维图纸和计算书，避免了人工出图的出错率和低效率。

3. 提高设计质量

BIM 使得建筑、结构、给水排水、暖通、电气等各专业基于同一个三维模型进行工作，土建与设备之间，设备与设备之间的冲突会直观显露，设计师能准确发现问题所在，及时调整图纸，避免施工返工和浪费。

4. 自动高效统计工程量

BIM 模型可以输出门、窗表等土建和设备的工程量统计表，统计数量与概预算软件集成计算，预测工程成本。

5. 提供各种性能分析

可以将三维设计模型的数据导入到各种分析软件，进行各种分析和模拟，例如进行冷、热负荷计算分析、舒适度模拟、气流组织模拟等设备分析。此部分内容详见本书4.2节与5.2.1，5.2.2节，这里不作赘述。

1.4.3　施工单位

对施工单位来讲，BIM 的应用可以提前到招投标阶段：在招投标阶段，利用模型可以直观展示方案，实现无纸化招标投标，节约纸张和装订费用，实现绿色环保；还可以控制经济指标的准确性，避免分包单位造假。

在施工阶段，可以实现：

（1）利用模型的三维可见性进行现场交底协调。

（2）通过模拟演示辅助专项施工方案的专家论证，提高工作效率。

（3）利用模型进行直观的工序预演，预知施工的重点和难点，消除施工中的不确定性，降低施工风险，保证施工技术措施的合理、可行。

（4）实现整个施工生命周期的可视化模拟建造和可视化管理，节省施工过程与管理的投入资金和时间。

（5）精确计算工程量，从而进行成本分析和资源计划。

（6）梳理图纸问题，进行碰撞检查，深化设计，解决设计没有体现的施工细部做法。

（7）为预制构件加工提供最详细的详图，减少现场作业，大幅度解决施工现场用地紧张问题，节约劳动力成本，保证质量。

（8）利用模型进行工程档案与信息管理。

BIM 是建筑业的一场信息技术革命，它的工程应用价值正日益体现出来。在我国，BIM 已进入了一个高速发展的阶段，给整个土木工程领域带来了巨大的变革，它涉及工程建设的设计、建造、加工、施工、销售、物业管理等各个方面，对建筑行业产生了深远的影响。

1.4.4　运营维护单位

有研究表明，在项目的全生命周期过程中，运维阶段的管理成本占到了 3/4。运维阶段的管理不是完全独立的，而是需要建筑的信息。项目完成后，交付的竣工模型带有设计图纸、竣工图纸以及反映设备状态、安装使用情况等各种设备管理的数据库资料，为运营维护单位对系统的维护提供了依据。

在运营维护阶段，BIM 模型可同步提供有关建筑使用情况、入住人员与容量、建筑已用时间及建筑财务方面的信息，有关建筑的物理信息（例如承租人或部门分配、家具和设备库存）和关于可出租面积、租赁收入或部门成本分配的财务数据等都更加易于管理和使用。查询这些类型的信息可以提高建筑运营过程中的收益与成本管理水平。

综合应用 BIM 技术，可以实现空间管理、资产管理、维护管理、公共安全管理、能耗管理（详见本书教学单元 7），提高运维人员管理效率，真正实现智能化管理。

1.5　BIM 的效益和实施障碍分析

BIM 技术作为一种有效的建筑建模工具和建筑信息集成工具，引领了全球建筑信息化的快速发展。自 BIM 技术进入我国建筑行业以来，对我国建筑业信息化的发展起到了积极的推动作用，但由于 BIM 推行中出现的障碍和问题，使得 BIM 技术在我国的发展程度还远远不够。

根据近几年的实际应用情况分析，BIM 在建筑业的应用障碍主要存在于技术、管理和应用环境三个方面。技术方面最突出的问题是软件功能的局限；而管理方面最主要的问题在于因设计者、管理者或使用者主观原因造成的应用障碍；在应用环境方面，主要为推广应用的大环境不成熟，缺乏完善的 BIM 应用标准。

1. 软件工具功能的局限

（1）BIM 模型出图问题

我们已经知道，利用 BIM 模型可以导出二维施工图，但由于软件是国外产品，导出的图纸与我国规范要求的施工图不符，设计时需要对 BIM 模型输出的二维图进行加工，工作量较大，无法实现 BIM 模型与施工图的直接联动。

（2）软件间信息流转问题

需要明确的是，BIM 是对一系列软件的运用，而绝非一款软件就能够满足 BIM 设计项目中的所有功能。为了避免二次建模或多次建模的重复劳动，确保不同软件间的信息流转顺畅是 BIM 协同设计的必要条件。但目前所有软件平台的模型导入或导出都会造成不同程度的信息丢失，这严重妨碍了 BIM 协同设计的效率。

2. 设计者因素

设计者使用 BIM 做设计的质量比 CAD 高，由此产生了质量效益，但是，设计师学习应用 BIM 软件也会在一段时间内影响个人和部门利益，如果这些损失无法获得利益补偿，那么就会影响到设计师学习、使用 BIM 的积极性。

3. 项目管理者因素

（1）公司领导未将 BIM 列为企业战略

部分企业应用 BIM 只为被动完成业主方的招标要求或迫于国家、地方政府的政策压力，一些企业的管理层甚至惧怕信息透明化给自己的权利和盈利带来威胁。当这两种情况存在时，小小的困难也会变得难以克服。

（2）BIM 解决方案选择错误

主要原因在于选择的 BIM 方案的本地化、专业化达不到要求，无法适应三边工程等当前国情下的实际情况。

（3）BIM 顾问团队选择错误

术业有专攻。没有工程技术背景的 BIM 顾问团队或仅有设计背景的顾问团队对施工阶段的管理和技术问题不够专业，不能利用 BIM 技术针对性地解决施工问题，在建筑物的整个生命周期中协同能力严重不足。

（4）资金投入不足

领导层从一开始就将 BIM 技术作为成本投资，而非提升竞争力和效益的投资，投入资金不足，导致人员短缺、好的应用顾问无法聘请、软硬件配置不到位等情况。

4. 使用者因素

（1）模型交接过程中的信息缺失

由于缺少前期统一的策划，设计、施工、运维作为项目的各参与方，因各自的利益不同、目的不同、交付标准不同而产生了在建筑全生命周期内的信息交付缺失。常见的问题是：数据不准确、内容不完整、格式不统一、数据频繁变更更新不及时、设计考虑不周无法实际施工、模型制作过程中未考虑运维需求等。

（2）因人员因素、设备投入因素等产生的 BIM 模型的获取和使用率偏低问题。

实际使用中，我们发现千辛万苦建立起来的 BIM 模型并没有发挥应有的效用，成了摆设品。具体表现为以下 4 方面：

1）无法实时获取最新的模型数据

由于投入人员较少，BIM 团队人员无法兼顾建模、做方案、配合各个部门做各项模拟、管理模型等工作，模型数据一般只能 2～3 周更新一次，无法做到实时更新。

2）模型大、数据多，查找困难

3）施工问题无法及时反馈

使用 BIM，相比传统的找项目经理解决施工问题周期更长，主要根源在于使用的人太少，使用者主要是 BIM 专业人士，而非土建或设备工程师。

4）文档混乱重复，后期归档困难

由于文档的电子化，需要不断更新版本，除新版本文档需保存外，老版本文档也需存档，以备后期追溯，造成数据叠加、体积增大。

5. 推广应用的大环境尚不成熟

与国外相比，我国的建筑行业体制不统一，缺乏较完善的国家层面的 BIM 应用标准，加之业界对于 BIM 的法律责任界限不明，导致建筑行业推广应用 BIM 的大环境不够成熟。

BIM 技术是目前全世界建筑业最为关注的信息化技术，成为全球建筑业发展的主流方向。但由于种种原因，在我国发展和推行的过程中，还存在着很多的困难。如何克服当前应用的障碍和瓶颈，是当前我们需要面对和解决的当务之急。

1. 推动我国建筑信息软件的开发

以 Autodesk 公司的 Revit 系列软件为代表的国外 BIM 软件起步早、性能优越，但直接应用到中国建筑行业，会存在规范差异、构件库差异等问题，因此需要在国外软件基础上进行二次开发，以便更适合我国国情。

国内的本土 BIM 软件主要以鲁班、品茗、PKPM、广联达等公司为主，当前，各大软件厂商都加紧了开发步伐，不断推出新版本、新类型的 BIM 软件，满足市场需要。

2. 建立第三方主导的项目级 BIM 实施策略，可以较好地解决模型交接存在的问题

由第三方 BIM 团队制定项目标准，按照既定标准验收 BIM 模型，对设计、施工和运维方提供技术及平台支持，可以降低 BIM 实施难度，减少重复投入，提升 BIM 效益。尤其对管理方面不太有经验的团队来说，提供了一个较节省时间和成本的方案，较好地解决了模型交接过程中信息缺失等问题。

3. 加强培训，提高 BIM 技术人员的专业素质，减少模型使用中的问题

（1）组建专业 BIM 团队

通过自主培训、人才引进或与第三方合作等方式，加强对 BIM 团队的培养，重点是让有工程技术专业背景的具有实际工程经验的专业工程师学会 BIM。

（2）开展"八大员"培训

按专业培训建筑施工企业关键技术岗位八大员：施工员、质量员、安全员、标准员、材料员、机械员、劳务员、资料员，每个工种人员只需学会该工种需要的技能，做到专人做专事，不浪费资源。比如，施工员只需学会浏览三维模型；测绘员只需学会测绘放样，将数据导入，进行计算；计划员学习如何进行工程进度模拟；材料员只做物料统计跟踪；预算员进行基于 BIM 的算量等等，此处不一一列举。

（3）建立项目级的"私有云"平台

将工程项目的所有文件、文档及备份存储于"私有云"平台中，既解决了计算机资源配置问题，又解决了文件的保密问题。

4. 加大对 BIM 的宣传力度与引导

建筑行业主管部门应加大对 BIM 的宣传与引导，鼓励建筑企业加大在 BIM 技术上的投入，提高管理者对 BIM 的认知，促使企业领导者重视 BIM，主动使用 BIM 技术，扫除因管理者因素造成的应用障碍。

5. 政府制定 BIM 相关标准，推动 BIM 行业的发展

自 BIM 技术引入我国建筑业以来，因国家层面 BIM 标准的缺失，导致在建筑全生命周期内 BIM 模型的信息混乱和交付困难等问题。标准缺失是导致我国当前 BIM 产业"雷声大，雨点小"的主要原因之一。建筑的构建需要基于项目与协作，建筑信息化依赖在不同阶段、不同业务之间的信息传递标准，即需建立一个全行业的标准语言和信息交换标准，否则将使得 BIM 的价值大打折扣。随着住建部《2012 年工程建设标准规范制定修订计划》中规定的 5 本 BIM 标准制定计划的发布，BIM 标准正式进入了国家科学的标准体系，这将促进中国 BIM 技术、标准、软件协调配套合理发展。目前，各部门各专业正按国家的既定方针逐步制定并完善 BIM 应用标准和规范，随着各项标准的正式发布，尤其是细则性国标的陆续出台，为 BIM 的大范围推广和全生命周期应用逐步扫清了障碍，行业也有望自此走向规范、健康、快速发展的道路，迈向新纪元。

1.6   BIM 工程师的岗位分类

1.6.1   BIM 工程师定义

BIM 系列专业技术岗位是指工程建模、BIM 管理咨询和战略分析方面的相关岗位。从事 BIM 相关工程技术与管理的人员，称为 BIM 工程师。

BIM 工程师通过建筑信息模型将项目的相关信息在项目的策划、运行和维护的全生命周期中进行共享和准确传递，使工程技术人员对建筑信息做出高效应对，为项目建设的各参与方提供协同工作的依据。

由于 BIM 技术的应用与开发是基于建筑工程技术专业与信息技术专业跨界结合才能完成的任务，所以 BIM 技术人员呈现出多专业复合型特点：要求同时掌握计算机专业建模能力与知识、施工管理及 BIM 技术操作能力与知识、物业运营及 BIM 技术信息运维能力与知识。简单来讲，BIM 技术应用不是孤立的建筑信息模型建立工作，必须要结合工程应用专业知识才能实现。

1.6.2　BIM 工程师岗位分类与素质要求

随着 BIM 技术在建筑行业的广泛应用，对 BIM 专业人才提出了刚性需求，且数量巨大。据推算，全国各开发、设计、建筑施工和物业运维企业对 BIM 技术人才的总需求将达到近百万。面对市场和机遇，许多建筑行业的从业人员和尚未择业的大学生对 BIM 技术产生兴趣，想学，却不知如何入手。本节我们将介绍 BIM 人才的岗位分类，以帮助有志者找准自己的定位，有针对性地去学习技能。

1. BIM 工程师的岗位分类

美国国家 BIM 标准（NBIMS Part 1 Version 1）把与 BIM 有关的人员分成如下三类：

（1）BIM 用户：包括建筑信息创建人和使用人，他们决定支持业务所需要的信息，然后使用这些信息完成自己的业务功能，所有项目参与方都属于 BIM 用户。

（2）BIM 标准提供者：为建筑信息和建筑信息数据处理建立和维护标准。

（3）BIM 工具制造商：开发和实施软件及集成系统，提供技术和数据处理服务。

在这种分类的基础上，根据我国国情，我们把 BIM 工程师按照应用领域和应用程度两种情况来分类：

（1）按照应用领域不同分类

1）BIM 标准管理人员：主要负责 BIM 标准研究管理的相关工作人员，分为 BIM 基础理论研究人员及 BIM 标准研究人员。

2）BIM 工具研发人员：指 BIM 产品设计人员和软件开发人员。

3）BIM 工程应用技术人员：即在项目工程中应用 BIM 完成工程全生命周期中各专业任务的专业技术人员，包括：BIM 建模人员、BIM 专业分析人员、BIM 信息应用人员、BIM 系统管理员、BIM 数据维护员。在 BIM 人才结构中，此类人员数量最大、覆盖面最广，实现 BIM 价值的贡献最大。

4）教育培训人员：指在高校或培训机构从事教育培训工作的教师及培训机构讲师。

（2）按应用程度分类

1）BIM 技术人员：指进行 BIM 建模人员和模型分析人员。

2）BIM 技术主管：在 BIM 项目实施过程中负责技术指导及监督工作。

3）BIM 项目经理：全面负责单个 BIM 项目实施的管理人员。

4）BIM 总监：全面负责公司级别的 BIM 发展及应用战略的制定人员。

2. BIM 工程师素质要求

（1）基本素质要求

1）思想素质

具有良好的职业道德和科学素养，具有求真务实的态度以及实干创新的精神，有科学的世界观和正确的人生观，诚信做人、踏实做事。

2）专业素质

具有专业必需的文化基础和建筑工程技术专业背景；具有良好的文化修养和审美能力；知识面宽，自学能力强；能用得体的语言、文字和行为表达自己的意愿，具有社交能力和礼仪知识；有严谨务实的工作作风。

3）身心素质

① 具有健全的心理素质和健康的体魄，能够履行肩负的工作职责。

② 有自觉锻炼身体的习惯和良好的卫生习惯，身体健康，有充沛的精力承担专业任务；心理健康，情绪稳定、乐观，经常保持心情舒畅，处处、事事表现出乐观积极向上的态度，对生活充满热爱、向往、乐趣。

③ 积极工作，勤奋学习，意志坚强，能正确面对困难和挫折，有奋发向上的朝气。人格健全，有正常的性格、能力和价值观；人际关系良好。

④ 沟通能力较强，在日常工作中，能妥善处理好上、下级和同级的关系，能够调动各方面的工作积极性。

⑤ 团队协作能力较强。能发挥团队精神，互补互助，与其他成员协调合作。

⑥ 有较强的应变能力，在自然和社会环境变化中有适应能力，能按照环境的变化调整生活的节奏，使身心能较快适应新环境的需要。

（2）不同种类的 BIM 工程师职业素质要求

1）BIM 标准管理人员

① BIM 基础理论研究人员

工作职责：负责了解国内外 BIM 发展动态，研究 BIM 基础理论，提出具有价值的新理论等。

能力素质要求：具有良好的文字表达能力和文献数据查阅能力，全面了解 BIM 理论。

② BIM 标准研究人员

工作职责：负责收集贯彻国际、国家及行业的相关标准，编制企业 BIM 应用标准化工作计划及长远规划、组织制定 BIM 应用标准与规范，宣传及检查 BIM 应用标准与规范的执行，组织应用标准与规范的修订。

能力素质要求：具有良好的文字表达能力和文献数据查阅能力，熟悉国家标准及行业标准，熟悉建设领域的生产流程，熟悉 BIM 实施应用过程。

2）BIM 工具研发人员

① BIM 产品设计人员

工作职责：负责 BIM 产品设计、应用与发展，负责产品投入市场的后期优化。

能力素质要求：具有产品设计经验，具有创新的设计能力。

② 软件开发人员

工作职责：负责 BIM 软件设计、开发、测试及维护。

能力素质要求：掌握相关编程语言，掌握软件开发工具，熟悉数据库的运用。

3）BIM 工程应用技术人员

① BIM 建模人员

工作职责：负责建立项目实施过程中需要的各种 BIM 模型，如场地模型、建筑模型、结构模型、设备模型、施工模型、竣工模型等。

能力素质要求：具备建筑、结构、暖通、给水排水、电气等相关专业背景，能准确读懂项目相关图纸，熟悉 BIM 建模软件，具备相关的建模知识及能力，了解 BIM 模型后期应用。

② BIM 专业分析人员

工作职责：利用 BIM 模型对工程项目的整体质量、效率、成本、安全等关键指标进行分析、模拟、优化，从而提出对该项目承载体的 BIM 模型进行调整，完成高效、优质、低价的项目总体实现和交付。

能力素质要求：具备建筑相关专业知识，对建筑场地、空间、日照、通风、耗能、噪声、结构等相关要求较了解，了解项目施工过程及管理，熟悉相关 BIM 分析软件和协调软件。

③ BIM 信息应用人员

工作职责：根据项目模型提供的信息，完成自己负责的工作。如设计阶段的施工图出图、运维阶段的设备管理等。

能力素质要求：熟悉项目各阶段实施过程，能用 BIM 技术解决实际问题。

④ BIM 系统管理员

工作职责：负责 BIM 应用系统、数据协同及存储系统、构件库管理系统的日常维护、备份等工作；负责各系统权限的设置与维护，及涉密数据的保密工作。

能力素质要求：具备计算机应用、软件工程等专业背景，具备一定的系统维护经验。

⑤ BIM 数据维护员

工作职责：负责收集、整理各部门、各项目的构件资源数据及模型、图纸、文档等项目交付数据；负责对构件资源数据及项目交付数据进行标准化审核，并提交审核情况报告；负责对构件资源数据进行结构化整理并导入构件库，并保证数据的良好检索能力；负责对构件库中构件资源的一致性、时效性进行维护，保证构件库资源的可用性；负责对数据信息的汇总、提取，供其他系统及应用使用。

能力素质要求：具备建筑、结构、暖通、给水排水、电气等相关专业背景，熟悉 BIM 软件应用，具有良好的计算机应用能力。

4）教育培训人员

工作职责：负责 BIM 课程教学的实施或软件培训，负责教材的编写，培养 BIM 技术专业人才。

能力素质要求：具有一定的 BIM 技术研究或应用经验，熟练掌握、应用各种 BIM 软件，有良好的口头表达能力。

5）BIM 技术人员

工作职责：负责本工种本专业的 BIM 模型创建、维护工作。配合项目需求，负责 BIM 可持续设计，如绿色建筑设计、节能分析、虚拟漫游、工程量统计等工作。

能力要求：具备土建、水电、暖通、工民建等相关专业背景，熟练掌握 BIM 各类软件的操作。

6）BIM 技术主管

工作职责：负责将 BIM 项目经理安排的任务落实到具体的 BIM 技术人员，并进行指导和检查，协同各技术人员工作。

能力要求：具备土建、水电、暖通、工民建等相关专业背景，具有良好的沟通、协调能力，具有 BIM 应用实战经验，能独立指导 BIM 项目技术问题。

7）BIM 项目经理

工作职责：参与企业 BIM 项目决策，建立并管理项目 BIM 团队，负责 BIM 项目的监控和管理（包括工作计划、投资、进度、质量控制、人事安排、财务管理、保密等工作）；负责各专业的综合协调工作（阶段性管线综合控制、专业协调等）；负责 BIM 交付成果的质量管理，包括阶段性检查及交付检查等，组织解决存在的问题；以及负责对外数据接收或交付，配合业主及其他相关合作方检验，并完成数据和文件的接收或交付。

能力要求：具备土建、水电、暖通等相关专业背景，具有丰富的建筑行业实际项目的设计与管理经验、独立管理大型 BIM 建筑工程项目的经验，熟悉 BIM 建模及专业软件；具有良好的组织能力及沟通、协调能力。

8）BIM 总监

工作职责：其职责不局限于某个具体操作领域，更像是一个"跨界"总览的管理岗位。全面负责公司级别的 BIM 技术的总体发展战略（包括组建团队、人员培训、确定技术路线等），研究 BIM 对企业的质量效益和经济效益的作用，制定企业 BIM 实施计划及操作流程等；监督、检查各项目模型质量、模型维护和应用情况，协助解决项目应用中的问题。

能力素质要求：对 BIM 的应用价值有系统、深入的了解，了解 BIM 基本原理和国内外应用现状，掌握 BIM 在施工行业的应用价值和实施方法，掌握 BIM 实施应用环境：软件、硬件、网络、团队、合同等。具有对于 BIM 在建筑业各个分类长远期影响的感知、分析、归纳、评估以及整合应用能力。BIM 总监不一定要求会操作 BIM 软件。

1.7 小　　结

本教学单元主要介绍了 BIM 的概念与 BIM 在国内外的发展状况、BIM 的五大技术特征以及 BIM 工程师的岗位分类等有关 BIM 的基础知识。作为全书的开篇，本教学单元简要介绍了 BIM 关于业主、设计单位、施工单位和物业运营等各方面的行业应用价值，在后面第二篇中，将进一步介绍 BIM 在项目全生命周期中各个阶段的应用。

教学单元2

BIM 标准

【教学目标】通过本单元的学习，使学生对 BIM 的标准及其发展有一定的认识；能够理解 LOD 理论，熟悉 LOD 等级划分及各阶段对精细度的要求，并能根据项目的不同阶段以及项目的具体目的来确定 LOD 的等级；熟悉 BIM 相关标准，了解国家 BIM 标准体系计划中的六项标准及主要内容，并能根据实际工程的具体需要选用合适的 BIM 标准进行各专项应用。

　　BIM 技术的应用贯穿于项目的全生命周期，其模型信息由大量的技术人员或管理人员使用不同的软件产生并共享。为了让使用者更好地进行信息共享，必须建立一个全行业的标准语义和信息交换标准，实现信息在不同阶段、不同专业之间的传递，否则将无法整体实现 BIM 的优势和价值。

　　这就涉及 BIM 模型的建模深度标准、交付标准等诸多问题。本教学单元将通过介绍 LOD 理论及各阶段对精细度的要求，以及 BIM 的相关标准介绍，帮助读者建立 BIM 标准的概念。

2.1　BIM 建模精度

2.1.1　LOD 理论

　　LOD 表示模型的细致程度，即不同阶段的模型和信息的深度等级。英文称作 Level of Development。国家标准《建筑信息模型施工应用标准》将其定义为："模型元素组织及其几何信息、非几何信息的详细程度。"几何信息表示建筑物或构件的空间位置及自身形状（如长、宽、高等）的一组参数，通常还包含构件之间空间相互约束的关系；非几何信息指建筑物及构件除几何信息以外的其他信息，如材料信息、价格信息及各种专业参数信息等。LOD 描述了一个 BIM 模型构件单元从最低级的近似概念化的程度发展到最高级的演示级精度的步骤。

　　LOD 最早源于 3D 游戏行业。1976 年，James H. Clark 提出了细节层次（Level of Detail，简称 LOD）模型的概念，认为当物体覆盖屏幕较小区域时，可以使用该物体描述较粗的模型，并给出了一个用于可见面判定算法的几何层次模型，以便对复杂场景进行快速绘制。他的逻辑是：一些大的模型，数据量比较大，在显示的时候，限于 CPU、内存和显卡能力有限，就会力不从心。但游戏最终是显示在屏幕上的，模型精细到一定程度之后，超过这个精细度，在显示器上显示的效果都是一样的。也就是说，我们可以根据屏幕的分辨率，设定一个常量，来显示需要的数据信息。

　　2008 年美国建筑师协会（AIA）在颁布的 E202 号文件中定义了 LOD 的概念，在文件中，LOD 指代 BIM 模型中各个元件，在不同阶段的"完整度"。此时，LOD 已经是用 Level of Development，来代替原来的 Level of Detail，译为：模型发展等级。

　　从 Level of Detail 到 Level of Development，重要的意义在于把 BIM 模型的图形精细度，扩展到了 BIM 模型在不同阶段、不同方面信息的精度。

　　我们用图 2-1 所示工字钢柱子的模型图来说明 Level of Development 所代表的含义。

　　LOD100，用一个立方体代表这里有个柱子；

　　LOD200，描述了这个柱子的外观形状和尺寸；

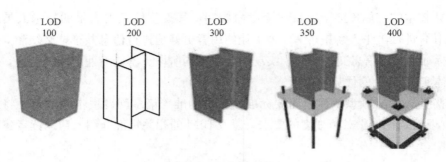

图 2-1　工字钢柱子在不同阶段的 LOD

LOD300，我们增加了它的材质；

LOD350，我们增加了地脚螺栓；

LOD400，我们增加了螺栓的垫片和下面的基础。

如果我们按照 Level of Detail 来观察这个几何深度的变化，从 LOD200 以后，这个柱子本身的几何模型精度已经没有更高的提升了，从 LOD300 增加了材质非几何信息开始，增加的这些信息就不再属于它的模型精度信息了。

Level of Development 中的 Development，就是指一个 BIM 模型从初步设计，到施工再到交付运维，不同发展阶段所需要携带的信息。

2.1.2　LOD 等级划分及各阶段对精细度的要求

2017 年 3 月，我国第一批立项的有关建筑信息模型（BIM）国家标准之一《建筑工程设计信息模型交付标准》送审稿通过审查，未来国内的 BIM 模型交付的 LOD 要求，将会按照该标准执行。这本规范借鉴了国际标准，结合中国工程实践，对每个 LOD 等级所对应的项目阶段作了这样的定义：

LOD100 对应勘察和概念化设计阶段，模型可用于：项目可行性研究、项目用地许可等。

LOD200 对应方案设计阶段，模型可用于：项目规划评审报批、建筑方案评审报批、设计概算。

LOD300 对应初步设计和施工图设计阶段，模型可用于：专项评审报批、节能初步评估、建筑造价估算、建筑工程施工许可、施工准备、施工招投标计划、施工图招标控制。

LOD400 对应虚拟建造、产品预制、采购、验收和交付阶段，这个阶段模型可用于：施工预演、产品选用、集中采购、施工阶段造价控制、施工结算。

LOD500 对应建筑运营和维护，该阶段模型可用于竣工结算，以及作为中心数据库整合到建筑运维系统，进行建筑运营、建筑维护、设备设施管理。

在《建筑工程设计信息模型交付标准》的"第 5 章　建筑工程信息模型要求"中，对每一个 LOD 阶段模型的要求，作了非常细致的说明。

"5.3 信息粒度"这一节提出了不同 LOD 等级要体现哪些非几何信息，其中包括了建筑基本信息，建筑属性信息，场地地理信息，建筑外围护信息，建筑其他构件系统、水、电、暖通系统信息等，每一类分别对应一张表格。例如，图 2-2 所示为该标准中

建筑水系统设备信息系统信息粒度等级　　　　　表 5.3.7

系统	分项	LOD100	LOD200	LOD300	LOD400	LOD500	备注
生活水系统	给排水管道	—	△	▲	▲	▲	—
	管件	—	△	▲	▲	▲	—
	安装附件	—	△	△	▲	▲	—
	阀门	—	△	▲	▲	▲	—
	仪表	—	△	▲	▲	▲	—
	水泵	—	△	▲	▲	▲	—
	水泵	—	△	▲	▲	▲	—
	喷头	—	△	▲	▲	▲	—
	卫生器具	—	▲	▲	▲	▲	—
	地漏	—	△	▲	▲	▲	—
	设备	—	▲	▲	▲	▲	—
	电子水位警报装置	—	△	▲	▲	▲	—
消防水系统	消防管道	—	△	▲	▲	▲	—
	消防水泵	—	△	▲	▲	▲	—
	消防水箱	—	△	▲	▲	▲	—
	消火栓	—	△	▲	▲	▲	—
	喷淋头	—	△	▲	▲	▲	—

注：表中"▲"表示应具备的信息，"△"表示宜具备的信息，"—"表示可不具备的信息。

图 2-2　建筑水系统设备信息系统信息粒度等级

"表 5.3.7 建筑水系统设备信息系统信息粒度等级 "。

"5.4 建模精度"这一节则是对不同 LOD 等级模型，应该包括哪些物体，以及每种物体的图形精度作了相关要求。每一个 LOD 等级对应一张表格。例如，图 2-3 所示为该标准中"表 5.4.3 建筑其他构件的建模精度等级"。

美国建筑师协会（AIA）为了规范 BIM 参与各方及项目各阶段的界限，在其 2008 年的文档 E202 中定义了 LOD 的概念。这些定义可以根据模型的具体用途进行进一步的发展。LOD 的定义可以用于两种途径：确定模型阶段输出结果（Phase Outcomes）以及分配建模任务（Task Assignments）。

从概念设计到竣工设计，美国国家 BIM 标准（N BIM S ）所提出的五级划分，将 LOD 定义为 5 个等级，具体的等级如下：

100. Conceptual 概念化

200. Approximate geometry 近似构件（方案及扩初）

300. Precise geometry 精确构件（施工图及深化施工图）

400. Fabrication 加工和安装

500. As-built 竣工

在 BIM 实际应用中，我们的首要任务就是根据项目的不同阶段以及项目的具体目的来确定 LOD 的等级，根据不同等级所概括的模型精度要求来确定建模精度。可以说，LOD 做到了让 BIM 应用有据可循。当然，在实际应用中，根据不同项目的不同目的，对 LOD 作适当的调整也是允许的。

建筑其他构件的建模精度等级   表 5.4.3

系统	建模精度	建模精度要求
楼板	G1	• —
	G2	• 除非设计要求,无坡度楼板顶面与设计标高应重合。有坡度楼板根据设计意图建模
	G3	• 应输入楼板各构造层的信息,构造层厚度不小于 20mm 时,应按照实际厚度建模。 • 楼板的核心层和其他构造层可按独立楼板类型分别建模。 • 主要的无坡度楼板建筑完成面应与标高线重合
	G4	• 在"类型"属性中区分建筑楼板和结构楼板。 • 应输入楼板各构造层的信息,构造层厚度不小于 10mm 时,应按照实际厚度建模。 • 楼板的核心层和其他构造层可按独立楼板类型分别建模。 • 无坡度楼板建筑完成面应与标高线重合
地面	G1	• —
	G2	• 地面完成面与地面标高线宜重合
	G3	• 应输入地面各构造层的信息,构造层厚度不小于 20mm 时,应按照实际厚度建模。 • 地面的核心层和其他构造层可按独立楼板类型分别建模。 • 建模应符合地面坡度变化。 • 平地面完成面与地面标高线宜重合
	G4	• 应输入地面各构造层的信息,构造层厚度不小于 10mm 时,应按照实际厚度建模。 • 地面的核心层和其他构造层可按独立楼板类型分别建模。 • 建模应符合地面坡度变化。 • 平地面完成面与地面标高线宜重合。 • 如视觉表达需要,层面各层构造、构件宜赋予可识别的材质信息

图 2-3 楼板等建筑其他构件的建模精度等级

2.2 BIM 相关标准简介

BIM 的标准体系分为国家标准、行业标准、地方标准和企业标准。

1. 国家标准

目前,在国家 BIM 标准体系计划中,有 6 项标准将陆续出台,不断规范工程建设全生命周期内 BIM 的创建、使用和管理。

这六项标准包括:《建筑工程信息模型应用统一标准》、《建筑信息模型分类和编码标准》、《建筑工程信息模型存储标准》、《建筑工程设计信息模型交付标准》、《制造工业工程设计信息模型应用标准》和《建筑信息模型施工应用标准》。

(1)《制造工业工程设计信息模型应用标准》意见征求稿

该标准参照国际 IDM 标准，面向制造业工厂和设施，规定了在设计、施工运维等各阶段 BIM 具体的应用，内容包括这一领域的 BIM 设计标准、模型命名规则，数据该怎么交换、各阶段单元模型的拆分规则、模型的简化方法、项目该怎么交付及模型精细度要求等。该标准适用于制造业工厂，不包括一般的工业建筑。

该标准报批中。

（2）《建筑工程信息模型应用统一标准》

该标准已发布，编号为 GB/T 51212—2016，自 2017 年 7 月 1 日起实施，该标准对 BIM 在工程项目全生命周期的各个阶段都作出了统一规定，包括模型结构与扩展要求、数据交换及共享要求、模型应用要求、项目或企业具体应用要求等，在整个体系内起到大纲总则的作用。该标准只规定核心的原则，不规定具体细节。

《建筑工程信息模型应用统一标准》是 BIM 应用的基本核心准则，作为我国 BIM 应用及相关标准研究和编制的依据，其他标准都需要遵循统一标准的要求和原则。

（3）《建筑工程信息模型存储标准》征求意见稿

该标准为数据模型标准，主要参考 IFC 标准而制定。它规定了模型信息应该采用什么格式进行组织和存储。

该标准正在编制中。

（4）《建筑工程设计信息模型交付标准》

它规定了在建筑工程规划、设计过程中，基于 BIM 的各阶段数据的建立、传递和读取，特别是各专业之间的协同，工程设计各参与方的协作，以及质量管理体系中的管控、交付等过程。提出了建筑信息模型工程设计的四级模型单元，并详细规定了各级模型单元的模型精细度，包括几何表达精度和信息深度等级；提出了建筑工程各参与方协同和应用的具体要求，也规定了信息模型、信息交换模板、工程制图、执行计划、工程量、碰撞检查等交付物的模式。

本标准适用于各类民用建、构筑物，包括住宅建筑、公共建筑、地下空间等。普通工业类和基础设施建构筑物，包括仓储建筑、地下交通设施中的民用建筑物。

该标准目前已通过审查。该项标准的出台，意味着国内各设计企业或团队将能够在同一个数据体系下工作，从而进行广泛的数据交换和共享。针对产业链上其他节点，也能够提供统一的数据端口，在建造和运维等过程中无缝对接，使 BIM 发挥出最大的社会效益。

（5）《建筑信息模型分类和编码标准》

该标准已发布，编号为 GB/T 51269—2017，自 2018 年 5 月 1 日起实施。作为基础数据标准，对 BIM 信息的分类和编码进行标准化，以满足数据互用的要求。这项标准在数据结构和分类方法上与美国的 OmniClass 基本一致，并根据国内情况做了一些本土化调整。该标准对建筑全生命周期进行编码，除模型和信息编码，还有项目所涉及人和事编码。

（6）《建筑信息模型施工应用标准》

该标准已发布，编号为 GB/T 51235—2017，自 2018 年 1 月 1 日起实施。该标准面向施工和监理，规定其在施工过程中该如何使用 BIM 模型中的信息，以及如何向他人交付施工模型信息，包括深化设计、施工模拟、预加工、进度管理、成本管理等方面内容。

2. 行业标准

BIM 模型的行业标准，是针对各专业领域内，以完成 BIM 专项任务为目的而制定的实施细则。如中国勘察设计协会 2015 年 8 月发布的《中国市政行业 BIM 实施指南》；中国建筑装饰协会 2016 年 9 月发布的《建筑装饰装修工程 BIM 实施标准》等。

3. 地方标准

BIM 模型的地方标准，是各地为推广本地 BIM 应用而制定的 BIM 相关标准，是对应国家标准而本地化的标准。我国目前已经发布的 BIM 地方标准主要有：

2013 年 2 月北京住建委发布《民用建筑信息模型设计标准》

2015 年 4 月深圳建工署发布《BIM 实施管理标准》

2016 年广西住建厅发布《建筑工程建筑信息模型施工应用标准》

2016 年 4 月浙江住建厅发布《浙江省建筑信息模型（BIM）技术应用导则》

2016 年成都建委发布《成都市民用建筑信息模型设计技术规定》

2016 年 7 月河北住建厅发布《建筑信息模型应用统一标准》DB13J/T 213—2016

2016 年 9 月江苏住建厅发布《江苏民用建筑信息模型设计应用标准》

2017 年 6 月上海住建委发布《上海市建筑信息模型技术应用指南（2017 版）》

4. 企业标准

企业标准是对企业范围内需要协调、统一的技术要求，管理要求和工作要求所制定的标准。企业标准由企业制定，由企业法人代表或法人代表授权的主管领导批准、发布，在企业内部适用。如 2016 年 1 月中国中铁发布的《中国中铁 BIM 应用实施指南》；2016 年 5 月中建一局发布的《工程施工 BIM 模型建模标准》等。

长期以来，缺乏统一的 BIM 标准一直是制约 BIM 在我国应用与发展的主要障碍之一，这些标准的实施，保证了 BIM 模型数据在交换中，统一数据格式，规范信息内容，提高信息应用效率，实现信息共享和协同工作。

5. 美国的 BIM 标准

美国作为 BIM 技术的发源地，对 BIM 的研究与应用一直走在世界的前沿。2007 年，美国发布了第一个完整的标准——BIM 应用标准第一版 National Building Information Model Standard，N BIM S．USV1（图 2-4），规定了建筑信息模型在不同行业之间信息交互的要求，以实现信息化促进商业进程的目的。

在 2012 发布的美国国家 BIM 标准第二版"N BIM S．USV2"中，包含了 BIM 的参考标准、信息交换标准和最佳实践标准。

2015 年，美国发布了 BIM 应用标准第三版"N BIM S．USV3"，包括参考标准的一致性规范，描述了在建筑全生命周期中不同部分信息交换的标准要求，明确包括建模、管理、沟通、项目执行和交付，甚至合同规范的标准流程。

美国国家 BIM 标准不仅在美国国内为建筑行业的提升提供了强大动力。也为众多其他国家的建筑业 BIM 应用提供了指导。目前为止，包括加拿大在内的多个国家已在研究和借鉴 N BIM S. US 标准的基础上，制定了本国的 BIM 标准。同时，美国的 BIM 标准编制推行也对中国 BIM 国家标准编制具有重要的参考价值和指导意义。

图 2-4　美国 BIM 标准第一版 N BIM S. USV1

2.3　小　　结

本教学单元通过对 BIM 体系的概述，使读者对 BIM 的标准有了一定的认识。目前，我国的 BIM 标准还处于制定状态，并不完善，但我国政府部门、各地建设行业监管部门、行业协会等一直在努力推动相关标准的制定工作。在国家级 BIM 标准不断推进的同时，各地也出台了相关的 BIM 标准及规范。相信 BIM 标准体系的不断完善，必将加快推动 BIM 技术的应用落地，促进建筑企业的信息化建设，推动传统建筑业转型升级。

教学单元3

BIM 应用的相关软硬件及技术

【教学目标】通过本单元的学习，使学生对 BIM 软硬件体系有正确的认识；能够理解 BIM 软件安装的准备知识和运行 BIM 软件所需的硬件条件，并能正确进行相关 BIM 软件的配置与安装；熟悉常用的各种 BIM 建模软件和应用软件，并能根据实际工程的具体需要选用合适的软件进行各专项应用。

本教学单元主要讨论 BIM 应用的软件特性、软件准备和硬件基础条件，并对部分目前常用的 BIM 软件进行介绍。

3.1 BIM 应用软硬件基础

BIM 技术的诞生是计算机技术和建筑技术发展的结果，当我们从 BIM 的概念深入到 BIM 各阶段应用时，会发现计算机软硬件配置是 BIM 技术实际应用不可忽略的基础之一，本节我们将较为详细的讨论 BIM 技术在计算机软硬件方面的相关问题。

3.1.1 BIM 的软件基础

BIM 软件本身具有图形化和信息化的特点，因此，在 BIM 软件的准备中我们在保证软件与系统的基本应用兼容性前提下，应着重检查当前所用软件系统环境对于图形接口的支持情况以及某些相应的数据库架构是否具备。

当前的 BIM 应用中，对于软件的认识有不少误区，例如有些人认为 BIM 软件就是 Revit 之类的建模软件、BIM 软件只能在 PC 机平台上使用等。我们知道，从 BIM 的概念上来说，对软件的基础和使用环境都没有任何限定，形成当前一些误区的主要原因还是各主流软件厂商的介绍和引导。

从当前的情况和发展趋势来看，BIM 相关的应用软件是全平台和全方位的。目前，不仅仅在最常见的微软 Windows 操作系统上有大量的 BIM 应用软件，同时也有大量运行在 iOS 及 Android 系统上。我们在选用 BIM 应用软件时，也应根据工作需求及软件的适用范围进行合理的选择和优化组合，不应局限于某几种常用的 BIM 建模和应用软件。

当我们准备使用特定的某种 BIM 软件时，应该首先阅读软件说明书，了解软件运行所需的系统环境和需要安装的系统驱动等附加程序，同时应在安装前对系统进行必要的清理。以在 Windows 环境下安装 Revit 为例进行讨论：我们首先应确定系统本身较为纯净，未安装过不明来源的软件，尤其注意没有失败安装过 Autodesk 的相关软件，否则很容易造成安装失败。如果以前有安装 Revit 相关的版本，需要重新安装或者升级安装，请使用 Autodesk 的专用卸载工具进行安装卸载，如图 3-1 所示。专用卸载工具一般能在 Windows 开始菜单的 Autodesk 栏中找到。

完成安装准备进入安装界面时，一般软件会检测系统中已有的相关程序，以图形界面支持程序和开发框架运行库等为主，如 DirectX 和 Microsoft. net framework 等。如尚未安装会有相关的安装提示，请务必在安装软件本体前完成支持程序的预安装。同时，部分软件也含有选装的插件，可以根据实际的使用需求进行选装。这类选装插件如果初次安装时未选择，往往可以通过再次运行安装程序来进行附加安装，因此灵活性较

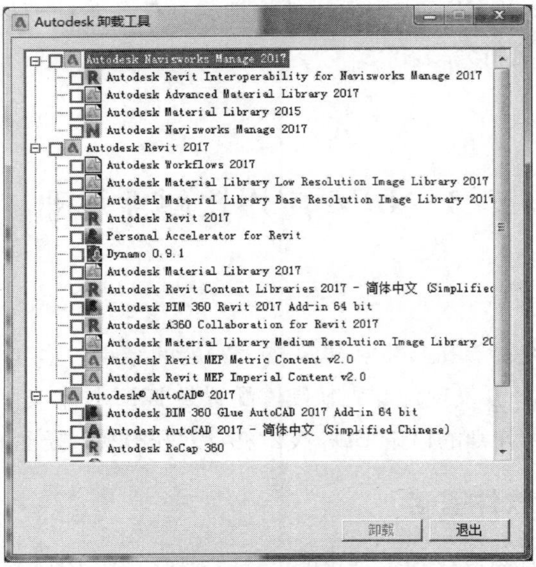

图 3-1 Autodesk 专用卸载工具

高。仍以 Autodesk Revit 为例，图 3-2 为选装的菜单。

图 3-2 Revit2017 选装工具

在安装完成 BIM 软件后，我们还应注意软件的授权运行方式。很大一部分 BIM 软件采用硬件加密的方式，常使用单机 USB 加密狗或网络 USB 加密狗来进行加密，如图 3-3 所示，这样的软件主要有 ArchiCAD、Catia 等国外软件和鲁班、广联达、品茗等国内软件，数量众多。在进行加密狗使用操作前应根据使用说明正确安装相关的驱动。

此外，Autodesk BDS 系列软件（含 Revit、Navisworks、3DS Max 等）则主要采用序列号

图 3-3 USB 加密狗

加网络授权模式，在安装过程中需要进行联网核对授权序列号的合法性，需要注意安装时的网络状况。

3.1.2 BIM 的硬件基础

硬件设备作为 BIM 技术的载体，在我们实际应用中也有一定的基本要求。这里我们所说的硬件设备包括但不局限于计算机，因为目前平板电脑、手机等移动端设备的 BIM 应用软件也开始跟上，因此也需要考虑。下面我们对 BIM 软件运行的硬件基础进行一下分析。

作为传统的 BIM 建模软件，一般需要硬件具备以下几个条件：

较快的核心运算速度——主要影响实施建模和操作速度；

较大的存储空间和快速数据读取能力——主要影响文件的导入导出和数据暂存；

相当程度的图形运算能力——主要影响图形及动画渲染的速度和效果。

上述的条件对应于我们常用的台式计算机，就主要需要考虑 CPU、内存、硬盘和图形加速卡这几个因素。以 Win7 系统为例，计算机的基本硬件信息我们可以右键点击桌面的计算机图标，或者在控制面板-系统与安全-系统中部分见到，如图 3-4 所示。同时，点击设备管理器选项可以看到存储器和图形卡的具体信息，如图 3-5 所示。

图 3-4 计算机硬件属性 1

不同的 BIM 软件对于硬件的需求差异很大，一般来说建模软件对实时计算能力的需求高、带渲染的软件对图形处理能力的要求高、数据读写量越大的软件对存储的速度要求越高。我们在根据所选的软件配置计算机硬件时可以参考软件供应商提供的推荐配

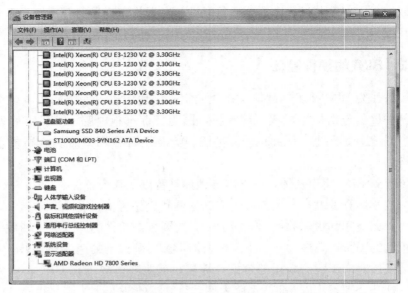

图 3-5　计算机硬件属性 2

置，例如 Revit2017 的供应商推荐配置有三种，如图 3-6～图 3-8 所示。值得注意的是，虽然软件供应商经常提供类似这样的入门配置或高级配置，大部分实际工程情况下完全按照其要求的性能配置进行组装的计算机仍然会不满足使用需求，这也是由我国工程的体量和复杂程度决定的。因此，在进行配置时目前的普遍做法是根据使用的 BIM 系列软件的最高要求，再提升一到二个档次进行硬件采购。举个例子：如果我们以 Revit2017 作为 BIM 系列软件中配置要求最高的部分来进行硬件配置的话，那么在实际工程应用当中我们经常需要配置 CPU 为 4 核以上高主频 i7 或 AMD 锐龙处理器，16GB 内存和固态硬盘作为最基础的建模用电脑；而有渲染需求的电脑的配置更高，基本都配置了 8 核以上的 Xeon 或 AMD 相应级别的处理器，且经常将 K4000 以上的专业图形卡作为标配，这在很大程度上已经超过了官方推荐的高性能配置要求，在使用中也没有出现性能过剩的情况。

　　除了使用计算机作为 BIM 软件的运行平台外，随着技术的发展目前在 iOS、安卓等系统下也能将移动端硬件（手机、平板电脑等）作为 BIM 的运行平台。移动平台与台式计算机相比在核心计算能力和图形渲染等性能方面都有差距，因此在应用时基本不作为 BIM 建模软件的硬件平台，而主要使用 BIM 相关的应用软件，如工程项目过程管理软件和 BIM 协同信息录入端等。由于移动端使用 BIM 模型时，一般都会经过云端的轻量化处理，因此对硬件要求显著降低。以目前常见的各类工程管理软件为例，其轻量化软件在常规的手机和平板电脑上均能够正常运行。当前，能够在安卓系统中顺畅运行 BIM 工程管理类软件的配置大致是高通骁龙 821 级别以上或华为麒麟 955 以上的处理器加 4GB 以上的运存，这个配置在 2016 年已基本普及，因此并不存在太多的问题。如换用苹果公司的 iOS 系统上能够运行的同类软件，因为特殊的优化缘故，其配置还将更低，基本上使用 iPhone5S 的用户已能够较顺畅地使用。

Revit 2017	
最低要求：入门级配置	
操作系统¹	**Microsoft® Windows® 7 SP1 64 位：** Enterprise、Ultimate、Professional 或 Home Premium **Microsoft® Windows® 8.1 64 位：** Enterprise、Pro 或 Windows 8.1 **Microsoft® Windows® 10 64 位：** Enterprise 或 Pro
CPU 类型	单核或多核 Intel® Pentium®、Xeon® 或 I 系列处理器或支持 SSE2 技术的 AMD® 同等级别处理器。建议尽可能使用高主频 CPU。 Revit® 软件产品的许多任务要使用多核，执行近乎真实照片级渲染操作需要多达 16 核。
内存	4 GB RAM • 此大小通常足够一个约占 100 MB 磁盘空间的单个模型进行常见的编辑会话。该评估基于内部测试和客户报告。不同模型对计算机资源的使用情况和性能特性会各不相同。 • 在一次性升级过程中，旧版 Revit 软件创建的模型可能需要更多的可用内存。
视频显示	1280 x 1024 真彩色显示器 DPI 显示设置：150% 或更少
视频适配器	**基本显卡：** 支持 24 位色的显示适配器 **高级显卡：** Autodesk 建议使用支持 DirectX® 11 和 Shader Model 3 的显卡。
磁盘空间	5 GB 可用磁盘空间
介质	通过下载安装或者通过 DVD9 或 USB 密钥安装
指针设备	Microsoft 鼠标兼容的指针设备或 3Dconnexion® 兼容设备
浏览器	Microsoft® Internet Explorer® 7.0（或更高版本）
连接	Internet 连接，用于许可注册和必备组件下载

图 3-6　Revit2017 入门级配置

Revit 2017	
性价比优先：平衡价格和性能	
操作系统¹	**Microsoft® Windows® 7 SP1 64 位：** Enterprise、Ultimate、Professional 或 Windows 8.1 **Microsoft® Windows® 8.1 64 位：** Enterprise、Pro 或 Windows 8.1 **Microsoft® Windows® 10 64 位：** Enterprise 或 Pro
CPU 类型	支持 SSE2 技术的多核 Intel® Xeon® 或 I 系列处理器或 AMD® 同等级别处理器。建议尽可能使用高主频 CPU。 Revit® 软件产品的许多任务要使用多核，执行近乎真实照片级渲染操作需要多达 16 核。
内存	8 GB RAM • 此大小通常足够一个约占 300 MB 磁盘空间的单个模型进行常见的编辑会话。该评估基于内部测试和客户报告。不同模型对计算机资源的使用情况和性能特性会各不相同。 • 在一次性升级过程中，旧版 Revit 软件创建的模型可能需要更多的可用内存。
视频显示	1680 x 1050 真彩色显示器 DPI 显示设置：150% 或更少
视频适配器	Autodesk 建议使用支持 DirectX® 11 和 Shader Model 5 的显卡。
磁盘空间	5 GB 可用磁盘空间
介质	通过下载安装或者通过 DVD9 或 USB 密钥安装
指针设备	Microsoft 鼠标兼容的指针设备或 3Dconnexion® 兼容设备
浏览器	Microsoft® Internet Explorer® 7.0（或更高版本）
连接	Internet 连接，用于许可注册和必备组件下载

图 3-7　Revit2017 性价比优先配置

Revit 2017	
性能优先：大型复杂模型	
操作系统[1]	**Microsoft® Windows® 7 SP1 64 位**： Enterprise、Ultimate、Professional 或 Home Premium **Microsoft® Windows® 8.1 64 位**： Enterprise、Pro 或 Windows 8.1 **Microsoft® Windows® 10 64 位**： Enterprise 或 Pro
CPU 类型	支持 SSE2 技术的多核 Intel® Xeon® 或 I 系列处理器或 AMD® 同等级别处理器。建议尽可能使用高主频 CPU。 Revit® 软件产品的许多任务要使用多核，执行近乎真实照片级渲染操作需要多达 16 核。
内存	16 GB RAM • 此大小通常足够一个约占 700 MB 磁盘空间的单个模型进行常见的编辑会话。该评估基于内部测试和客户报告。不同模型对计算机资源的使用情况和性能特性会各不相同。 • 在一次性升级过程中，旧版 Revit 软件创建的模型可能需要更多的可用内存。
视频显示	1920 x 1200 或更高的真彩色显示器 DPI 显示设置：150% 或更少
视频适配器	Autodesk 建议使用支持 DirectX® 11 和 Shader Model 5 的显卡。
磁盘空间	• 5 GB 可用磁盘空间 • 10,000+ RPM（用于点云交互）或固态驱动器
介质	通过下载安装或者通过 DVD9 或 USB 密钥安装
指针设备	Microsoft 鼠标兼容的指针设备或 3Dconnexion® 兼容设备
浏览器	Microsoft® Internet Explorer® 7.0（或更高版本）
连接	Internet 连接，用于许可注册和必备组件下载

图 3-8　Revit2017 性能优先配置

综上所述，BIM 应用的软硬件准备是顺利进行项目应用的基础。但正确地选用软硬件需要 BIM 技术人员对项目本身的需求和各种 BIM 软件的特点都有准确的判断，这样才不至于出现配置上的浪费或者性能不足继而影响项目的实际应用。

3.2　常用 BIM 模型创建工具介绍

绝大部分时候，BIM 的具体工作流程都是从基础建模开始进行的。下面我们介绍一下目前常用的一些基础建模软件及其特点，以便大家在今后的工作中进行合理的选择。

3.2.1　Revit

Autodesk 公司旗下的 Revit 软件是目前进行 BIM 应用最常用的建模软件之一，基本界面见图 3-9。

作为一款号称全流程覆盖的 BIM 平台型建模软件，Revit 的功能相比其他软件可以用大而全来形容，从最初的版本至今依然在不断添加新的功能模块，但是从本质上来说

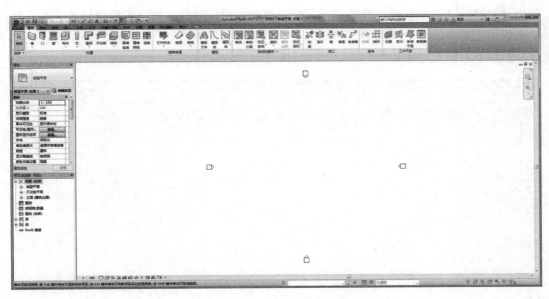

图 3-9 Revit 基本操作界面

它依然是一款以设计为源头、主要功能为建模的 BIM 软件。

　　Revit 基本建模功能模块目前分为建筑、结构、系统三类，附带场地、体量等功能，2017 版本后又外置了 Dynamo 插件作为复杂异形体的绘制工具。其建模概念中主要有样板、视图、族、体量、对象等概念，目前被 BIM 技术从业者所广泛使用和研究。除建模外，Revit 具有相对完善的项目协同功能和一定的分析功能，可以进行团队项目操作和较为基础的功能分析（包括结构分析、碰撞分析等）。同时，也可以与 Autodesk360 结合进行云操作，实现项目在多端的共享。Revit 目前支持的文件格式除本系列的标准文件格式外，还能导入 DXF、CSV、Dgn、Sat、Skp 等多种外部格式文件，并能做到对 IFC 文件的导入和导出，在相当程度上满足了软件间数据交换的需求。

　　总体来说，Autodesk Revit 是一款功能强大、应用流线长、具有较好适应性的 BIM 建模类平台软件，在其基础上目前开发的插件和工具软件也较多，适用于大部分常见的建筑工程项目。在选用 Revit 进行 BIM 项目应用时，也应注意它的几个缺点。第一，对硬件配置有要求较高，经常需要图形工作站来进行建模操作；第二，操作较为烦琐，入门不易精通亦难，在现场直接培训人员进行单独模块应用受到限制；第三，大项目的数据文件较大，往往需要进行项目切割和后期模型合并。在了解掌握了其特性和优缺点之后，我们可以根据自身所应用项目的基本情况进行选用。

3.2.2　ArchiCAD

　　Graphisoft 于 1982 年开发的 ArchiCAD 是一款主要用于设计阶段的 BIM 建模软件，历史悠久，在欧洲地区使用较早。进入国内后 ArchiCAD 近年来也进行了一些本土化的改良，早起版本中出现的一些问题有了改善。其界面见图 3-10。

　　ArchiCAD 与 Revit 和其他一些主要 BIM 建模软件的区别在于，这是一款基于建筑师设计习惯而开发的软件。其功能和习惯更偏向于建筑设计人员的工作流程，从设计师工作的角度看 BIM，并对各种功能进行扩展，目前已经到了 21.0 版本。相比而言，其优缺点都非常明显，下面我们进行逐一分析。

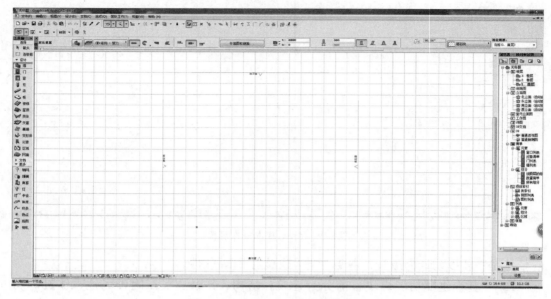

图 3-10　ArchiCAD 基本操作界面

优点特色方面：

第一，可能是运行速度最快的 BIM 建模软件。这也是由 ArchiCAD 的设计思路决定的，ArchiCAD 的运算模式是先操作、后运算，后台运算与前台操作相结合。这种思路决定了其冗余的计算量大大少于类似 Revit 的那种实时计算模式。当你不介意多切换一下窗口时，运行速度明显会比 Revit 快不少，其代价则是无法第一时间看到建模调整后的模型变化。

第二，模糊化的元素功能对设计师更友好。ArchiCAD 保留了部分二维制图的习惯，例如图层等，同时对象的定义并不像 Revit 那么生硬，因此建筑设计可以加快速地修改 BIM 模型。

第三，出图功能与漫游结合，灵活简便。通过 BIMx 的功能将二维出图和三维即时漫游结合起来也是 ArchiCAD 的一大特色，不需要多余的设置，上手极为简便。

相对不足方面：

第一，自建模型功能较复杂。ArchiCAD 自建模型需要使用 GDL 图形语言进行编程，虽然编程步骤被极大地简化，但仍然不能像 Revit 的族功能一样通过简单的学习即可上手摸索。

第二，专业协调和分析能力不足。ArchiCAD 主要针对建筑专业，其余的多专业协调和分析均需要通过外挂插件来实现，同时无法在 ArchiCAD 进行结构分析。

第三，跨领域适应能力不足。如果说 Revit 还能够通过自定义构件来完成一部分市政、桥梁的建模工作的话，ArchiCAD 由于先天的缺陷，基本无法胜任这方面的工作，这也使其应用的领域经常局限于房屋建筑专业。

此外，ArchiCAD 也支持各种文件格式的转换，在开放性上做得不差。其主要能够转换和支持的文件格式有：IFC、DWG、DXF、JPEG、SKP、3DS 等。

综上所述，我们可以看到，快速、对设计师友好是 ArchiCAD 建模的最大特点，由其计算模式带来的是成果模型文件的存储体量也相对较小。但由其特点带来的适应性和协调性问题，需要大家在选用时候予以考虑。目前来说，使用 ArchiCAD 经常要配合其他一系列软件和插件来进行专业协调。

3.2.3 Tekla Structures

TeklaStuctures 起初是 1966 年成立于波兰的 Teknillinen laskenta 公司所开发，Tekla 是该公司的商用软件简称，该公司直到 1980 年才将公司正式更名为 Tekla。Tekla 公司起初承接 ADP（Automatic Data Processing，自动数据处理）咨询、开发、相关工程运算及训练，在 2011 年被美国 Trimble 公司收购，Trimble 公司创立于 1978 年，致力于 GPS（Global Positioning System，全球定位系统）设备发展与技术开发，于 1982 年开始发展工程相关产业，而 Trimble 于 2011 年 7 月收购了 Tekla，来强化自身项目管理以及加强对未来 BIM 概念的发展与需求。

Tekla 于 1990 年推出用于工程运算规划的软件，归类为"X"产品系列，最初为道路设计的 Xroad 及城市设计的 Xcity，于 1993 年推出了用于钢结构设计的工程软件 Xsteel，而经过几年的发展后，以 Xsteel 累积下来的钢结构 3D 设计为基础的 Tekla Stuctures 于 2004 年正式贩售，除一般设计中经常使用标准设计模块外，还提供了钢结构细部设计，预铸混凝土深化设计细部设计、钢筋混凝土细部设计模块，供结构深化设计人员使用，同时也包含建筑管理模块用于工程项目与分类管理，强化建造规划、计划、管理、冲突碰撞检测等项目使用，并提供以 API 方式衔接其他类型数据或系统信息整合。

Tekla 用于建筑工程中的钢结构设计，能进行精细的结构细部设计，例如钢结构构件从概念考试到详细的钢筋配置、干涉检查、合并模型分析等功能，并能产生所需的数量明细表，工程时间轴功能，模拟各个工程阶段的模型变化，另外支援许多 CAD 格式例如 DWG、DGN、XML 等许多目前较为广泛的使用格式，但尚未开发对应 Tekla 的设施管理维护软件，而 Tekla 也有 IFC 输入/输出功能，主要以 IFC 模型进行设计变更的信息对比。

Tekla Structure 软件在国内以往一直被作为一款详图软件来使用，在钢结构和装配式建筑中应用更为广泛。随着软件版本的升级和功能的改善，Tekla 被一些企业用于房建的 BIM 模型建模和常规 BIM 工程应用操作，如 4D 仿真等。Tekla 软件生成的 BIM 模型见图 3-11。

3.2.4 MicroStation（Bentley）

Bentley 公司的 BIM 建模平台是目前主流 BIM 平台中极具特色的一款，其历史也

图 3-11　Tekla 软件生成的模型

相当古老，MicroStation 是 Bentley 的旗舰产品，主要用于全球基础设施的设计、建造与实施。从 2D 时代开始 MicroStation 就作为主要建模平台一直沿用至 3D 及 BIM 协同设计阶段，真正做到了数据的流畅传递。

MicroStation 的前身名为 IGDS（Interactive Graphics Design System），是一套执行于小型机（Micro Vax-2）的专业电脑辅助绘图及设计软件，也因为它是由小型机移植的专业电脑辅助绘图及设计软件，在软件功能与结构上不仅远优于一般的 PC 级电脑辅助绘图及设计软件，在软件效率表现上更有一般之 PC 级电脑辅助绘图及设计软件所远不能及之处。MicroStation 在 2D 方面与 AutoCAD 是同类软件，由于以前不注重小用户，所以在国内使用得不多，MicroStation 的第三方插件超过 1000 种以上，其领域覆盖了土木、建筑、交通、结构、机械、电子、地理信息系统、网络、管线、图档管理、影像、出图及其他应用。

MicroStation 支持多种不同硬件平台，其重要的特点之一是在不同平台上生成的设计文档格式完全兼容，不需要进行二次转换，实用性和适应性强。

MicroStation 根据用户的需求共提供了五种可适合不同程度程序开发者的程序设计语言。分别是 UCM（User Command）、CSL（Customer Support Library）、MicroStation Basic、MDL（Micro Station Development Language）及 JMDL（Java 版本的MDL）。其中 UCM 是类似于 AutoLisp 的宏指令，CSL 则为类似 AutoCADADS 的 Fortran 或 C 语言函数库，MDL 则为一完整而高效率的 C 语言框架的应用程序开发环境，它使用 MicroStation 所提供的所有资源，并可驱动 MicroStation 的核心引擎，绝大部分的 MicroStationThird-Party 软件均以 MDL 为主要之开发工具。因此，MicroStation 具有很强大的兼容性和扩展性，可以通过一系列第三方软件实现诸多特殊效果。

换言之，MicroStation 是一款从 2D 时代直接过渡而来的 BIM 建模软件，在软件兼容性、可扩展性和运行速度方面有其独特的优势。当然，目前使用这款软件的最大问题是推广不足、价格偏高、用户习惯转变有障碍等，目前国内主要由一些大型企业和特种行业选用，因此在学习和选用时也需要多加注意。图 3-12 为 MicroStation 的基本操作界面。

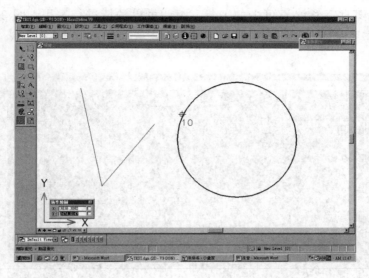

图 3-12　MicroStation 基本操作界面

3.2.5　Digital Project

Digital Project（简称 DP）是铿利科技（Gehry Technologies）开发的 BIM 建模和管理工具，基于达索公司的著名机械设计软件 Catia 开发。作为 Catia 的系列产品，DP 的特点非常明显，即在曲面建模方面具有较大的优势。目前，DP 在国内也主要被用于具有不规则表面的各类大型建筑中。目前国内使用后对于其优缺点总结如下：

优点：

（1）完整的参数化建模功能可以组合式控制建筑设计曲面；

（2）非常详细的 3D 参数化建模；

（3）可以处理相当大的项目；

（4）任何类型的模型表面都可以支持；

（5）支持自己定义的参数可以非常详细。

缺点：

（1）学习曲线复杂度高；

（2）用户接口也复杂；

（3）初始成本很高；

（4）组件资源库非常有限，外部网站也很少提供；

（5）建筑图的基本绘制没有很成熟的发展；

（6）剖面及施工图的输出太过简略；

（7）需要强大的工作站才容易运行良好。

由此我们可以看出，DP 目前的应用存在一定的限制，但是其在特定条件下的强大功能使其成为某些工程必不可少的工具，因此可以酌情进行选用。图 3-13 为 Digital Project 的操作界面。

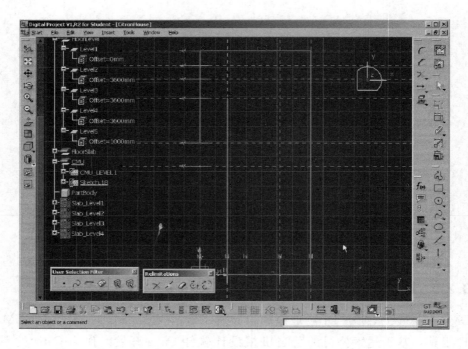

图 3-13　Digital Project 操作界面

3.2.6　PKPM BIM

PKPM BIM 是中国建筑科学研究院主持开发研究的国产 BIM 平台系统，其核心 BIM 建模引擎与 Bentley 公司合作进行设计，因此具备不少 Microstation 之前独有的优点，如建模速度快、接口多样等特点。同时，PKPM BIM 与目前设计单位常用的 PKPM 设计软件做到了数据互通，建模能够直接分专业协同，符合国内工程设计流程的特点。PKPM BIM 的协同方式采用网络协同设计模式，通过服务器中心模型的模式进行协同设计，同时也可以在模型中即时进行批注、浏览等，具备了常用商用 BIM 建模软件的大部分特征。目前 PKPM BIM 的几个主要模块已完成商业化开发，也正在推广中。与国外主流 BIM 建模软件相比，其具有本土化好，服务反馈速度快的优点；缺点则是技术积累尚有不足，切入市场较晚，用户习惯需要培养。图 3-14 为 PKPM BIM 的建模界面。

3.2.7　Civil 3D

Civil 3D 软件是欧特克（Autodesk）推出的面向市政土木工程行业的 BIM 解决方

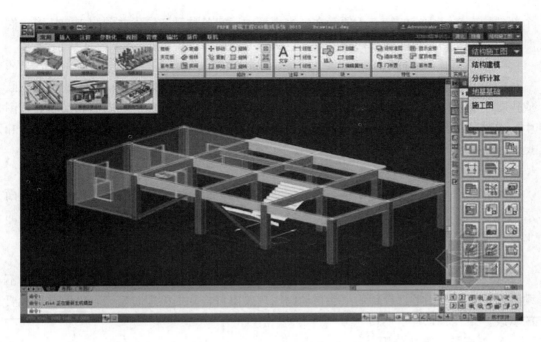

图 3-14　PKPM BIM 建模界面

案类软件。Civil 3D 提供了设计、分析市政土木工程项目并制作相关文档的更好方法。软件支持快速地交付高质量的交通、土地开发和环境设计项目。该软件中的专门工具支持 BIM 工作流程，有助于缩短设计、分析和进行变更的时间。最终，可以据此评估更多假设条件，优化项目性能。Civil 3D 软件中的勘测和设计工具可以自动完成许多耗费时间的任务，有助于简化项目工作流。它在专业方面的主要特性如下：

1. 测量

Civil 3D 全面集成了勘测功能，可以在更加一致的环境中完成所有任务，包括直接导入原始勘测数据、最小二乘法平差，编辑勘测资料，自动创建勘测图形和曲面。可以交互式地创建并编辑勘测图形顶点，发现并编辑相交的特征线，避免潜在的问题，生成能够在项目中直接使用的点、勘测图形和地形曲面。

2. 地块布局

软件支持通过转换现有的 AutoCAD 实体或使用灵活的布局工具生成地块，实现流程的自动化。这样，如果一个地块发生变更，临近的地块会自动反映变更情况。该软件具有许多先进的布局参数选项，包括临街面偏移选项，以及按最小深度和宽度等参数来进行地块布局设计。

3. 道路建模

道路建模功能可以将平面路线和竖向设计高程与定制的横截面组件相结合，为公路和其他交通运输系统创建参数化定义的动态三维模型。使用者可以利用内置的部件（其中包括行车道、人行道、沟渠和复杂的车道组件），或者根据设计标准创建自己的部件。通过直观的交互或变更用于定义道路横截面的输入参数即可轻松修改整个道路模型。每个部件均有自己独有的特点，便于在三维模型中确定各种已知要素并预测未知情形，同时也包含了专门的道路高级建模工具，以实现复杂的设计要求。

4. 管道

使用基于规则的工具布局污水和雨水排水系统。采用图形或数字输入方式可以截断或连接现有管网或者更改管道和结构，进行冲突检查。完成平面、纵断面和横断面视图中管道网的最终绘制工作并打印，还可以与外部分析程序共享管网信息（如材料和尺寸）。

5. 土方量计算

该软件支持利用复合体积算法或平均断面算法，更快速地计算现有曲面和设计曲面之间的土方量。使用 Civil 3D 生成土方调配图表，用以分析适合的挖填距离、要移动的土方数量及移动方向，确定取土坑和弃土堆的可能位置。

6. 基于标准的几何设计

按照根据政府标准或客户需求制定的设计规范，快速布置道路平面和纵断面。当不满足指定设计规范时，设计约束会自动向用户发出警告并提供即时反馈，以便进行必要的修改。

7. 工程量计算与分析

从道路模型中提取工程材料数量，或者为灯柱、景观等指定材料类型。运行报告，或者使用内建的付款项目列表生成投标合同文件。使用精确的数量提取工具在设计流程中及早就项目成本做出更明智的决策。

8. 多专业协作

土木工程师可以将 Revit 软件中建立的建筑外壳导入 AutoCAD Civil 3D，以便直接利用建筑师提供的公用设施连接点、房顶区域、建筑物入口等设计信息。同样，道路工程师可以将纵断面、路线和曲面等信息直接传送给结构工程师，以便其在 Revit 软件中设计桥梁、箱形涵洞和其他交通结构物。

9. 雨水分析和仿真

利用面向集水区、滞流池以及涵洞的集成仿真工具对雨水系统进行设计和分析。这样，可以减少开发之后的径流量，同时准备符合可持续发展要求的雨水流量和质量报告。

10. 地理空间分析和地图绘制

Civil 3D 包含地理空间分析和地图绘制功能，支持基于工程设计的工作流程。该软件可以分析工程图对象之间的空间关系，通过叠加两个或更多拓扑提取或创建新信息，创建并使用缓冲区，在其他要素的指定缓冲距离内选择要素。使用公开的地理空间信息可以更好地进行场地选择，在项目筹备阶段了解各种设计约束条件，还能生成可靠的地图集，帮助满足可持续设计要求。在 AutoCAD Civil 3D 中使用来自 LIDAR 的数据生成点云。用户可以导入点云信息并实现可视化，并根据 LAS 分类、RGB、高程和密度确定点云样式；使用点云数据可直接创建曲面、进行场地勘测，将土木工程设计项目中的竣工要素进一步数字化。

图 3-15 为 Civil 3D 的操作界面。

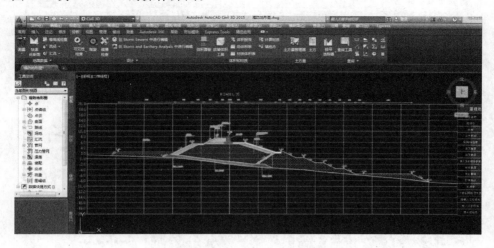

图 3-15 Civil 3D 操作界面

3.2.8 Rahino（犀牛）

与之前提到的一些大型 BIM 建模软件平台相对应的，还有一些轻量但功能强大的 BIM 专业建模软件，犀牛（Rahino）就是一个很好的例子。Rahino 是美国 Robert McNeel & Assoc. 开发并于 1998 年推出的一款基于 NURBS 的强大专业 3D 造型软件，它可以广泛地应用于三维动画制作、工业制造、科学研究以及机械设计等领域。其设计团队是原 ALIAS Design Studio 设计程序师，其 Beta 测试版推出以来，历经一年半的测试，是有史以来态度最严谨的网上测试。它能轻易整合 3DS MAX 与 Softimage 的模型功能部分，对要求精细、弹性与复杂的 3D NURBS 模型，有点石成金的效能。能输出 obj、DXF、IGES、STL、3dm 等不同格式，并适用于几乎所有 3D 软件。

使用者经常称它是一个"平民化"的高端软件：不像 Maya，SoftImage XSI 等"贵族"软件，必须在 Windows NT 或 Windows 2000，Windows XP，甚至 SGI 图形工作站的 Irix 上运行，并且还要搭配价格昂贵的高档显卡；而 Rhino 所需配置只要是 Windows 95，一块 ISA 显卡，甚至一台老掉牙的 486 主机即可运行起来。它也不像其他三维软件那样有着庞大的身躯，动辄几百兆；而 Rhino 全部安装完毕才区区数十兆。因此，着实诠释了"麻雀虽小，五脏俱全"这一精神。并且由于引入了 Flamingo 及 BMRT 等渲染器，其图像的真实品质已非常接近高端的渲染器。Rhino 不但用于 CAD，CAM 等工业设计，更可为各种卡通设计，场景制作及广告片头打造出优良的模型。其操作流程也相当人性化，因此深受欢迎。在 BIM 应用场景中 Rahino 目前扮演着复杂曲面设计的重要工具角色。图 3-16 为 Rahino 的建模界面。

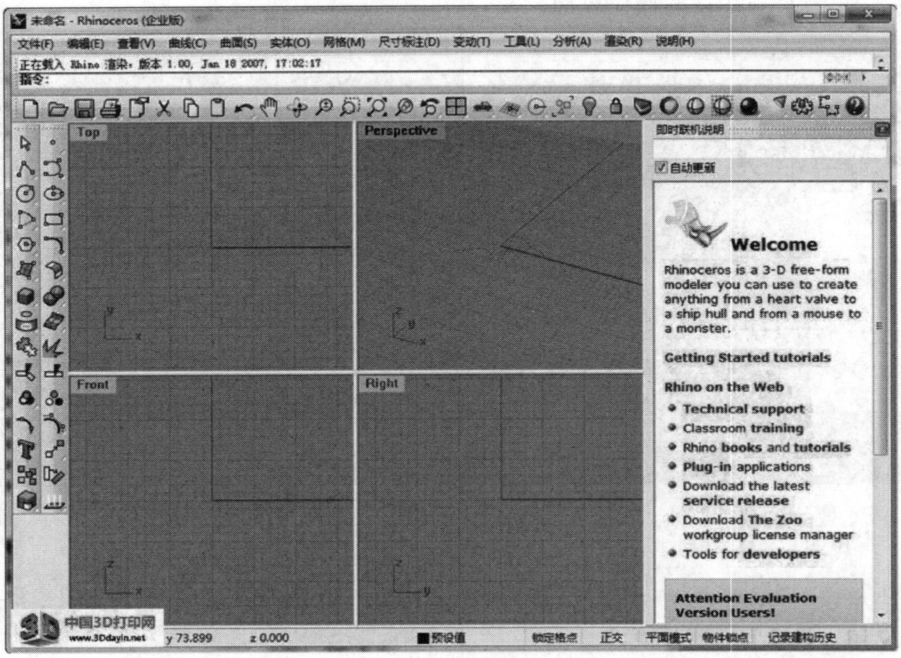

图 3-16　Rahino 建模界面

3.3　常用 BIM 管理应用工具介绍

BIM 的应用除了基本的建模平台外，需要各种专业应用软件支持。有些平台软件，如 Revit 等，本身带有各种功能模块，可以执行不少 BIM 专业应用，但无论平台功能如何强大，都需要在某些方面通过应用软件来达到特定的工作目标。下面我们举例介绍一些常见的 BIM 应用软件。

3.3.1　Navisworks

Navisworks 最早由 Navisworks 公司在 2007 年研发出品，被欧特克收购后目前是欧特克 BDS（BIM Design Suit）软件套包的重要组成部分，也是目前最常用的 BIM 应用软件之一。其本质是一款 3D/4D 的设计协助检视软件，能够对项目进行碰撞检查、3D 漫游、4D/5D 工程模拟、错误批注等操作和分析，在国内目前主要被作为 BIM 施工软件来使用。Navisworks 有一个与其他软件不同的显著特点，其包含 Navisworks manage 和 freedom 两个模块，其中 manage 是全功能模块，而 freedom 则仅提供浏览。Navisworks 兼容的文件格式相当多，以 2017 版本为例主要支持的版本见表 3-1，这使其适用性大大增加了。

Navisworks 在碰撞检查领域目前是使用比例最高的软件之一，和同门的 Revit 相比其碰撞检查的直观性更高，更容易完成碰撞检查报告。同时，Naviworks 的实时监视功能也是其使用的重点之一。通过该功能能够在 Revit 与 Naivsworks 之间自由切换，并将模型修改后的结果即时反映到 3D 检视中。这样能够在很大程度上从设计阶段就减少错误的产生，并减少了开关软件带来的延迟，相当受用户的欢迎。此外 Navisworks 的 4D/5D 施工模拟可以导入 project 文件，也额外带来了便利。图 3-17 为 Navisworks Manage 的基本操作界面。

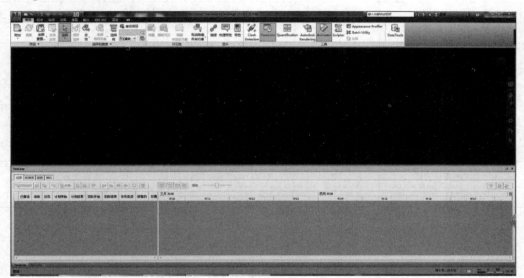

图 3-17　Navisworks Manage 操作界面

Navisworks 主要支持的文件格式　　　　　表 3-1

格式	扩展名	文件格式版本
Navisworks	.nwd .nwf .nwc	所有版本
AutoCAD	.dwg .dxf	最高到 AutoCAD 2017
MicroStation(SE、J、V8 和 XM)	.dgn .prp .prw	V7、V8
3D Studio	.3ds .prj	最高 Autodesk 3ds Max 2017
ACIS SAT	.sat .sab	所有 ASM SAT。到 ACIS SAT v7
Catia	.model .session .exp .dlv3 .CATPart .CATProduct .cgr	V4、V5
CIS/2	.stp	STRUCTURAL_FRAME_SCHEMA
DWF/DWFx	.dwf .dwfx	所有先前版本
FBX	.fbx	FBX SDK 2017.0
IFC	.ifc	IFC2X_PLATFORM、IFC2X_FINAL、IFC2X2_FINAL、IFC2X3、IFC4
IGES	.igs .iges	所有版本
Inventor	.ipt .iam .ipj	最高 Inventor 2017

格式	扩展名	文件格式版本
InformatixMicroGDS	. man . cv7	v10
JT Open	. jt	到 10.0
NX	. prt	最高 9.0
PDS Design Review	. dri	旧文件格式。支持到 2007。
Parasolid	. x_b	到模式 26
Pro/ENGINEER	. prt . asm . g . neu	Wildfire 5.0、Creo Parametric 1.0-3.0
RVM	. rvm	到 12.0 SP5
Revit	. rvt	最高 2017 版
SketchUp	. skp	v5(最高 2016 版)
Solidworks	. prt . sldprt . asm . sldasm	2001 Plus - 2015
STEP	. stp . step	AP214、AP203E3、AP242
STL	. stl	仅二进制
VRML	. wrl . wrz	VRML1、VRML2
PDF	. pdf	所有版本
Rhino	. 3dm	最高 5.0

3. 3. 2 Sychro

2001 年，英国公司 Synchro Ltd 开始了他们对于建设模拟和任务管理方案的软件开发，现在他们的产品 Synchro，主要提供给整个工程组的各方，包括业主、工程师、建筑师、运营者、承包商、分包商和材料提供商等实时共享工程数据。目前的 4D 工程模拟大部分是针对大型复杂建设工程及其管理开发使用的，Synchro 也同样提供了整合其他工程数据的能力，提供丰富形象的 4D 工程模拟。其主要模块及特性如下：

Synchro Professional™是一个计划关联系统，将 BIM 模型与 CPM 计划任务相关联，允许用户进行施工模拟、播放施工动画和发布视频。项目团队可以通过进度模拟之后协作探索方法，解决方案并优化结果。其接口支持进度管理软件如 Oracle Primavera P3/P6，Microsoft Project，AstaPowerproject 和 PMA NetPoint。同时支持来自 Bentley，Autodesk，CATIA，Solidworks，Intergraph，AVEVA and SketchUp 等公司超过 35 种类型的 3D CAD 设计文件和 IFC 文件。

Synchro Professional™能使全部往返数据同步（输入、输出、同步导入和导出）以促进工作上游和下游交付过程，可以进行四维空间静态和动态分析和冲突解决。运用先进的 4 D/ 5 D 应用程序能够提供传统的项目计划、分析、报告、自定义 4D 动画和高级 AVI 文件生成。软件还提供了 EVA（挣值分析）和成本计划，包括可变成本分析决策支持和计划和实际成本分析。

Synchro Scheduler™是一个独立的建筑业高级项目管理计划系统，有效的项目管理需要使用先进的规划和计划方法，允许用户确定最优序列活动，在计划时间内和预算内来完成一个项目。Synchro Scheduler 采用关键路径方法（CPM），CPM 能分析关键路径、关键工作、总时差和自由时差。

Synchro Open Viewer™是免费四维阅读和报告阅览器，能查看 Synchro Professional™和 Synchro Scheduler 的模型。让人们自由地查看各种尺寸的项目模型，并通过其有效的沟通、合作和项目的管理，了解计划和安排，以便更好地执行，快速地应对突发状况，创造价值。

Synchro Databse Module™使用现有标准个人电脑客户端进行 4D 施工，带来了更大的硬件独立。此模块支持三种典型硬件平台，包含 64 位操作系统，内存卡记忆能力，硬盘空间，它具有高速的输入/输出能力来支持数据库。

Synchro Cloud™允许项目团队通过全球的任意一台电脑或移动设备工作，拥有先进的功能、速度和效率。它提供更广泛的企业通道和更有力的数据控制，当使用 Synchro Professional 和 Synchro Scheduler 时，移动和设备的独立性可以为用户节约时间并且提高效率。在任何设备，任何地点都可以接入，尺寸可以上下简单改变，拥有快速的全球应用升级和版本变更以及大量数据的安全快捷迁移能力。

图 3-18 为 Synchro 使用界面。

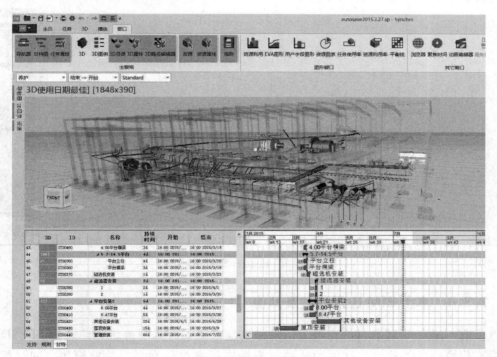

图 3-18　Synchro 操作界面

3.3.3　Ecotect

Autodesk Ecotect Analysis 软件是一款功能全面的可持续设计及分析工具，其中包含应用广泛的仿真和分析功能，能够提高现有建筑和新建筑设计的性能。该软件将在线能效、水耗及碳排放分析功能与桌面工具相集成，能够可视化及仿真真实环境中的建筑性能。用户可以利用强大的三维表现功能进行交互式分析，模拟日照、阴影、发射和采光等因素对环境的影响。即便 Autodesk 在 2011 版本后至今没有更新，在单机版的可持续分析软件里它的效率仍然可圈可点，Ecotect 除了支持其自身和部分其他分析软件的格式之外，也支持 DFX 和 IFC 格式，并能从 Sketchup 进行导入，因此也具有较强的适应性。

功能方面，Ecotect 能处理建筑性能的很多不同方面，所以它需要很大范围的数据来描述建筑。为减轻设计师的负担，Ecotect 使用了一种独特的累积数据输入系统。刚开始仅需要简单的几何细节信息。当设计模型被改进，变得更加精确，或者需要详细反馈时，用户就可以做出更多选择，输入更多显得重要的数据。这就意味着只需几次点击之后就可以分析太阳光照射、遮蔽选项和可用光照。Ecotect 也具备一定的轻量级建模功能，能够自行输入简单的建筑体量进行分析，2011 版本的基本界面见图 3-19，界面采用菜单和属性栏双重的配置，用户可以根据自身习惯进行操作。

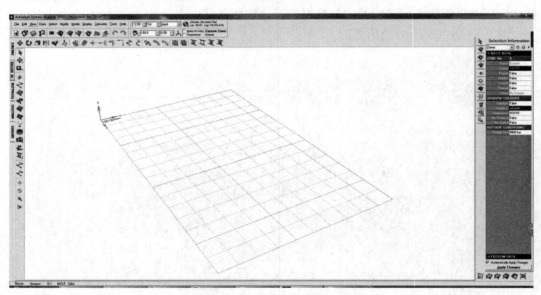

图 3-19　Ecotect 操作界面

3.3.4　本土 BIM 应用软件及其他

目前，国产 BIM 软件在市场上的份额也越来越大，其中鲁班和广联达 BIM5D 是较具有代表性功能软件。这两种软件都根据应用需要分为多个功能模块，同时都以提供服务和 BIM 解决方案为主，并且本土化都做得比较好，目前有较多单位进行选用。

鲁班的企业级 BIM 系统基于模型信息的集成，同时结合授权机制，在实现施工项目管理的协同的同时，能够进行企业级的管控、项目级协同管理。它是一个运用组件集成先进开发思想的，集成了 CAD 引擎、云技术、数据库等先进计算机技术的平台。鲁班 BIM 系统是基于互联网的企业级 BIM 系统。鲁班 BIM 聚焦于建造阶段，软件能充分利用上游设计成果，上游数据转化和利用技术较为先进。针对设计 BIM 模型，Luban Trans 可实现将 Revit 设计 BIM 模型通过 API 数据接口直接导入鲁班软件系统，其他设计 BIM 模型可以通过 IFC 标准数据接口导入。从整体来看，鲁班目前在施工现场应用方面仍然是国内最值得关注的 BIM 本土软件之一。图 3-20 为鲁班 BIM 的进度计划界面。

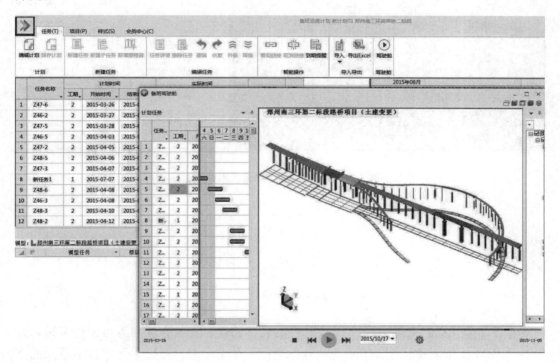

图 3-20　鲁班 BIM 进度计划

广联达在 2013 年以前一直专心致力于造价电算化的推广。在引入 BIM 概念之后迅速发展为本土化的 BIM 软件巨头，更在短期内收购了 Magicad 这一著名的机电建模软件，使其在国内外的知名度迅速增加。其 BIM5D 工具套装目前使用的单位也非常多，在与 Autodesk 公司进行深入合作后，广联达 BIM 能够直接在 Revit 插件中进行格式转换，并对 Revit 的工程量进行读取和规则优化，这也是它目前的特色之一。因此，很多地方虽然尚有改进的巨大空间，广联达和鲁班一直在市场占有方面各有千秋，传统的造价软件优势方面被继续保留。图 3-21 为广联达 BIM5D 的进度模拟工作界面。

此外，国内一些其他的传统建筑软件也在近年来与 BIM 技术的需求进行对接和更新，鸿业、品茗、斯维尔等企业都推出了各自具有特色的 BIM 产品。同时，针对部分 BIM 平台级软件本土化程度不高的问题，各公司也开发了不少 BIM 功能插件，常见的包括橄榄山、ISBIM 模术师、HiBIM 等，使得模型的建立和应用变得更为简便。

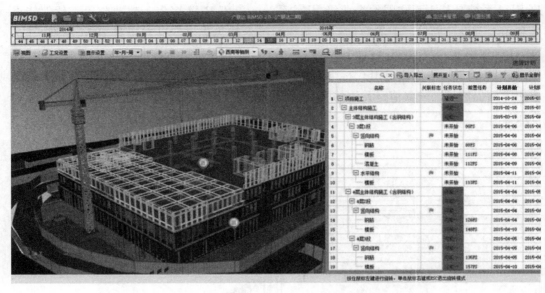

图 3-21　广联达 BIM5D 进度模拟界面

3.4 小　　结

　　本教学单元我们主要学习了 BIM 软件的软件特性、安装方法和运行硬件基础，并对各类 BIM 模型创建软件、BIM 应用软件进行了举例介绍。通过学习本教学单元的内容我们对 BIM 的软硬件特征有了初步的了解，能够初步掌握不同 BIM 软件在不同工作条件下的适用范围和选用原则，为今后在项目中进行 BIM 技术应用做好准备。

第二篇

BIM 在项目全生命
周期中的应用

教学单元 4

BIM 在决策阶段的应用

【教学目标】通过本单元的学习，使学生理解决策阶段中建造场地的地形、地貌、地物、植被等因素是影响设计决策的重要因素。熟悉项目规划阶段 BIM 模型建立的流程；了解针对 BIM 模型的高程分析、坡度分析、日照分析、消防分析、建筑容积率指标分析、交通分析等方法与意义；熟悉在决策阶段，BIM 技术对于建设项目在技术和经济上进行可行性论证提供的帮助；使学生初步具备根据工程在决策阶段的不同需求，选择 BIM 技术应用点的能力。

项目前期测绘是指在项目前期，通过收集资料和调查研究，在充分收集信息的基础上，针对项目的决策和实施，进行组织、管理、经济和技术等方面的科学分析和论证。这能保障项目主持方有正确的方向和明确的目的，也能促使项目设计工作有明确的方向并充分体现项目主持方的项目意图。项目前期策划根本目的是为项目决策和实施增值。增值可以反映在项目使用功能和质量的提高、实施成本和经营成本的降低、社会效益和经济效益的增长、实施周期缩短、实施过程的组织和协调强化以及人们生活和工作的环境保护、环境美化等诸多方面。项目前期策划虽然是最初的阶段，但是对整个项目的实施和管理，对项目后期的运营乃至成败具有决定性的作用。

那么 BIM 在决策阶段是怎样应用的呢？

4.1　项目规划阶段 BIM 模型的建立

Revit 为建筑师提供多种场地规划工具，包括创建三维地形表面、场地规划、场地平整（建筑地坪）、土方计算、场景布置以及创建三维视图或渲染视图，以期达到更真实的演示效果。在场地设置中，可以随时修改项目的全局场地设置，也可以定义等高线间隔，添加用户定义的等高线，选择剖面的填充样式等。如果需要对场地进行更为细致的分析，接下来可以使用 Revit 中的场地平整与土方计算。在完成场地规划后，可以对地形中的道路、停车场、广场等区域进行场地平整，为建筑添加地坪，并计算挖填土方量。场地平整及土方计算功能必须借助"阶段"功能实现，即 Revit 将原始地面标记为已拆除并创建一个地形副本来编辑，平整后两个表面对比即可计算挖（填）土方量。场地平整后即可在建筑区域内添加地坪，并设置地坪的结构和深度。

在 Revit 中包含一些简单的建模工具，可以导入现有的矢量地形、平整场地和进行场地设计，如果需要对场地进行更为细致的分析，例如精确的土方量计算和精确的道路坡度设计，Civil 3D 等 BIM 软件则提供了更加有效、实用和专业化的工具。

针对土方计算的问题，首先需要对所有的地形表面进行命名，以区分平整场地、建筑地坪子面域；在明细表中，类型选择"地形"，字段选择"名称""填充""截面"和"净剪切/填充"，并在"格式"选项卡中将"截面"修改为"挖方"，"填充"修改为"填方"，"净剪切/填充"修改为"挖填方净值"，并都勾选"计算总数"，Revit 便会自动生成地形明细表，用于查看土方量，如图 4-1 所示。

场地动态设计包括场地配景的插入，如停车构件、场地构件、植物、人、车、门等。这里要引入 Revit 中一个非常重要的概念——族。族文件可算是 Revit 软件的精髓所在。族可以被看成是一种参数化的组件，如一个门，在 Revit 中对应一个门的族，可以对门的尺寸、材质等属性进行修改。值得一提的是，Revit 中的植物在插入时可以选

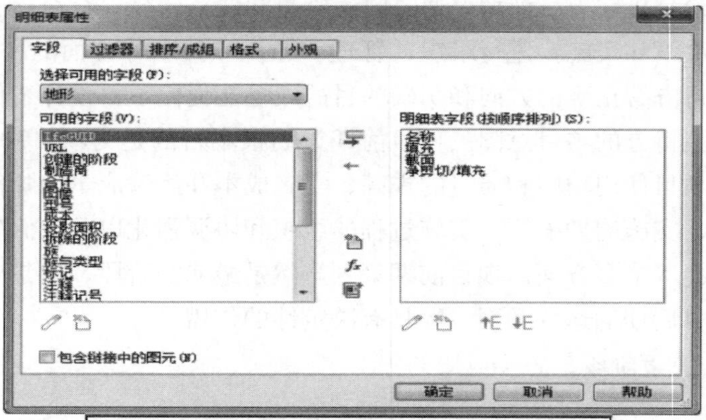

图 4-1　土方明细表生成

择不同的植物种类，这些植物的窗口显示状态并没有太大的区别，但在实际渲染后便可显示出季节和树种的差异。插入的场地构件都会自动依附在地坪上，无需手动调整标高。

1. 现状地形建模

在 BIM 设计中，场地模型通常以数字地形模型（Digital Terrain Model，DTM）表达。数字地形模型是地形表面形态属性信息的数字表达，是带有空间位置特质和地形属性特质的数字描述。BIM 是以三维数字转换技术为基础的，因此，BIM 场地模型中，数字地形模型的高程属性是必不可少的，首先要创建场地的数字高程模型（Digital Elevision Model，DEM）。

建立场地模型的数据来源有多种，常用的方式包括地图矢量化采集、地面人工测绘、航空航天影像测量三种。地图矢量化采集是从现用纸质地形图上，通过手工的网格读点法、半自动的数字化仪法等方式，获得矢量的数据点或等高线，作为创建场地模型的基础数据；地面人工测绘通过利用全站仪、GPS、水准仪等地面测绘设备，采用人工操作的方式获得地表高程点作为创建场地模型的基础数据；航空航天影像测量是通过测绘卫星、有人驾驶飞机或无人低空飞机搭载数字摄影设备获得地表数字影像，根据数字影像合成处理得到地表高程点和图形影像，作为创建场地模型的基础数据。

在创建场地地形模型时，往往采用以上两种或三种方法混合使用，互为补充。最终根据具体场地建模需求，通过内插方法生成所需场地 DEM 数据。场地模型的矢量化表达方式有规则网格结构和不规则三角网（Triangular Irregular Network，TIN）两种算法。TIN 模型在某一特定分辨率下能用更少的空间和时间，更精确地表示复杂的表面。特别当地形包含有大量如断裂线、构造线等特征时，TIN 模型能更好地顾及这些特征的表现，如图 4-2～图 4-4 所示。

图 4-2　覆盖影像地形模型

图 4-3　着色地形模型

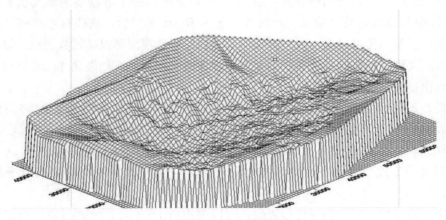

图 4-4　三角形地形模型

（1）利用 Civil 3D 进行地形建模

在 Civil 3D 中，数字地形模型被称为"曲面"。Civil 3D 中的曲面分为两种类型，即三角网曲面和栅格曲面，其中三角网曲面是缺省的曲面类型。它使用不规则三角网

（TIN）模拟真实地形，较为精确，因此更适合土木工程设计应用。

在 Civil 3D 中，尽管可以使用多种不同的样式（如等高线或坡度分析）显示曲面，但是请记住，在不同的显示样式背后，曲面的数据是以三角网模式存储和操作的。在 Civil 3D 中建立曲面时，用户需要首先创建一个曲面对象，然后把源数据（如测量点、等高线、DEM 文件等）添加到曲面定义中，就可以生成曲面，效果如图 4-5 所示。

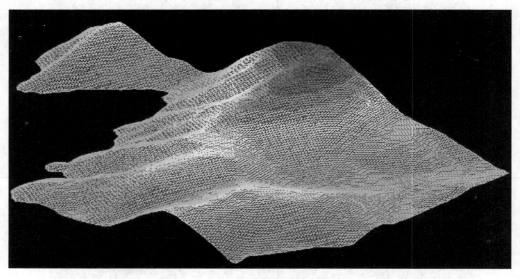

图 4-5 地形曲面图

（2）利用 Revit 自带工具进行地形建模

传统的基地设计信息大多为二维 CAD 文件，其弊端在于并不能直观地向建筑师提供基地的三维影像，设计师很难从 CAD 文件的数字中准确了解基地的真实状态。通过 CAD 文件中基地标高数字格式进行转换，导入 Revit 文件后，这些数字能够快速生成三维模型，建筑师便可以更直观地看到地形地貌。场地模型可以通过放置点、导入实例以及导入点文件三种方式来建立，但大多数时候需要三种方式相结合才能建立出一个完整的场地模型。

首先，通过拾取点创建地形表面。在选项栏上，需要首先设置"绝对高度"的值；点及高程用于创建表面。注意选择此高程为绝对高程，即点显示在指定的高程处，这样就可以将点放置在活动绘图区域中的任何位置了。这种做法的缺点是重复单一，同时手工逐一对高程点的添加也比较耗时，适合做一些较简单的以平地为主的基地。

其次，通过导入实例创建地形表面，可以根据以 DWG，DXF 或 DNG 格式导入的三维等高线数据自动生成地形表面。Revit 能够分析三维等高线数据并沿等高线放置一系列高程点。需要拥有一个涵盖等高线及数值的 CAD 文件，然后在 Revit 中导入 CAD 文件。在建立基地选项中选择导入实例，在图中选择导入的 CAD 文件并选择等高线所在的图层。最终生成场地模型并设置材质，如图 4-6 所示。

图 4-6　三维等高线数据图

最后，通过点文件导入的方式来创建地形表面。需要在拥有矢量的数据点或等高线的 CAD 中，数据点进行摘取并在 Excel 中处理，得到有逗号分隔的 CSV 文件或 TXT 格式的地形测量点文本文件。在建立基地选项中选择导入点文件，将其导入 Revit 中，便可生成较为准确的三维基地模型。根据基地实际情况对地形进行划分，如图 4-7 和图 4-8 所示。

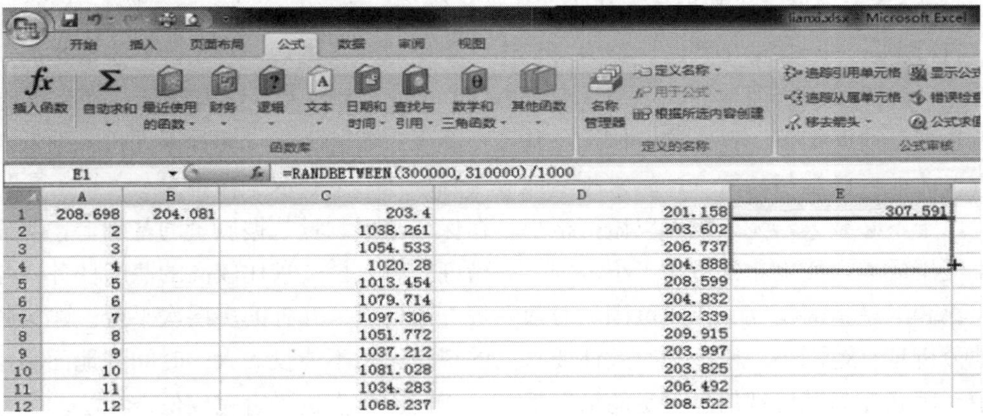

图 4-7　等高线测量点 CVS 文件

通常，在建立基地模型时先使用导入点文件的方式将矢量点导入建立模型，然后用编辑点的方式完善整个基地模型。

（3）利用小型无人机测绘方式创建地形文件

在设计前期，使用已有的地形测绘数据是最方便的途径，可以集中有限的工作资源到 BIM 本身，而且随着基础地理信息资源的普及，可购买甚至免费获取的 DEM 地形数据越来越多。即使无法直接获得 DEM 模型，若有等高线数据、地形图等非数字化、

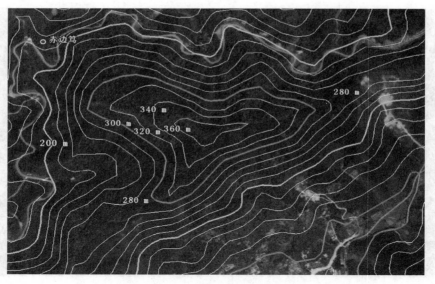

图 4-8 三维基地模型图

三维化的地形资料，也可以通过建模软件自己生成 DEM 模型。如遇到以下四种情况，则需自行获取地形数据。

1）无法购买到该地块的 DEM 或其他类型的可生成 DEM 的地形数据资料。

2）获得的数据不够精细，无法满足场地建模与空间分析的需求。

3）获得的资料时效性差，场地现状已经有所变化。

4）除基本地形三维数据外，还需获取植物密度、树形、溪流宽窄等附加信息。

自行获取地形数据是费时、费力的工作，租用载入飞机对于建筑师来说成本高、经济性差，较难实现；而地面人工使用全站仪、GPS 打点作业不仅周期长，而且数据密度低，容易遗漏细节。针对这一情况，基于小型无人驾驶飞机（简称无人机）的低空航测方法兼顾经济性与高效率，越来越多地应用到场地信息获取工作中。

由于不必载人，无人机可以做得很小，在保证地形测量数据质量的基础上，明显降低了使用成本，使之非常适用于小范围、高精度、时效性要求比较高的测绘任务，与载人飞机和卫星在高精度、作业范围、时效性等方面构成了互补的多层次平台。建筑师的场地分析具有范围小、精度和时效性要求高的特点，又不能投入太多时间到地面测绘活动中，因此在基础地理信息不足的情况下，适于使用无人机平台完成低空测绘。

在所有的无人机中，能够垂直起降的无人直升机、多旋翼机的使用频率最高。固定翼无人机虽然航程远，但需要跑道起降，在跑道条件不具备的时候，需要使用弹射起飞架、降落伞等辅助起降装置，因此一般不适用建筑师的场地分析任务。无人直升机和多旋翼机虽然滞空时间相对较短，但可以在建筑密集地区使用，而且能够空中悬停或慢速移动，获得的建筑等地物数据模型更为精细，盲区更少，因此非常适用于设计师的场地信息采集任务。在直升机与多旋翼之间又存在性能互补，多旋翼多为电池动力，体积更小，使用更灵活、方便，适用于携带相机进行超低空摄影测量；直升机可装备电动机、汽油发动机、航空煤油涡轮发动机等不同动力，因此可选级别更多。不仅可以执行低空摄影测量任务，更是机载激光扫描仪等高端测绘设备的最佳载具。

目前，机载激光扫描和摄影测量是无人机获得地形数据的两种最主要方式，对于前者，机载激光器的扫描头快速旋转扫描周边地形，可在每秒获取数万个三维点；与此同时，用机载 GPS、INS 等定位、定姿设备实时记录飞行器自身位置、姿态变化并通过后期计算消除其影响，就得到了地形的三维点云数据。这样的点云数据没有构成完整的地表，而且还可能带有行人、汽车等带来的噪点，因此需要经过点云清理、三角化、构面、修补等多个后处理步骤，才能将其中不要的删除，修补好扫描盲区，构成完整、连续的地表数据，最终转化为 BIM 等软件系统可以使用的 DEM、DSM 格式数据，如图 4-9 所示。

图 4-9 机载激光扫描图

在这些步骤中，如果地块环境复杂，则噪点清理、盲区填补都是比较费时的过程，一般需要操作人员手工去掉车辆、人员、灯杆等干扰数据，并且手工填补表面的细微残损。但随着软件技术的进步，越来越多的数据处理工作可交由计算机自动完成，例如，很多软件具有植被自动剔除的功能，能够根据点的高程差别，智能发现一定高度的乔木并将其从点云中自动消除；也可能有网格修补命令，自动检测构面后产生的多个空洞，并尽量将其填补，这样人员的工作压力就大大减轻，快速输出地形模型到 BIM 系统中，如图 4-10 所示。

摄影测量是在得到相机的镜头变形、焦距、像素数量等一系列参数（称作相机的"内力位元素"）后，使用该相机在不同的机位，对同一目标拍摄不少于两张照片，由于机位不同，则地表同一个点在两张照片中的成像位置必然不同，摄影测量正是利用这一点，根据目标点在 CCD 上成像位置的不同，首先计算出拍摄时相机自身的各个位置，再根据图像识别技术发现立体像对中目标物的自然特征点（也被称作同名点），反向计算出各点的空间位置，按此过程快速计算，亦能在数小时内获得数亿个三维点，构成密

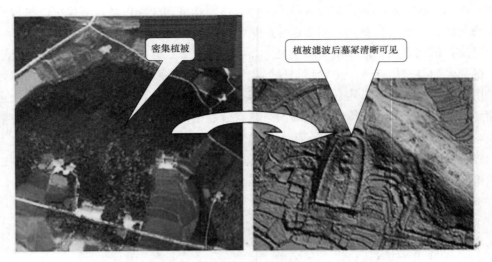

图 4-10　植被处理图

集点云，与激光扫描有异曲同工之妙。摄影测量对拍摄角度、拍摄间隔、拍摄距离、拍摄数量，甚至相机和镜头的选择等诸多方面都有严格的要求，这是它的缺点；但和机载激光扫描相比，摄影测量设备轻巧、购置成本低、使用风险小是其非常明显的优点，尤其摄影测量能够自动获取地形目标的彩色信息数据，这是其固有的优势，如图 4-11 所示。

图 4-11　摄影测量过程图

　　一般来说，小型无人机重量轻，自身不带高精度定位装置，因此航空摄影测量得到的三维点云成果仅具有模型内相对的位置正确性。要想建立正确的坐标系，还需要全站仪、测量型 GPS 这样的地面定位设备提供少量的地面控制点坐标。获得地面少量控制点坐标后，测绘外业就基本结束了。

　　在内业中，目前绝大多数摄影测量软件都具有图像特征识别模块，可以自动计算地表自然特征点的空间三维坐标，因此，这些年来使用摄影测量技术也可以生成高密度的三维点云，最终制作成高精度的 DEM 数据成果，这一技术手段被普通应用于卫星、载入飞机、无人机上，我们平常所看到的大多数遥感图像，地形数据都是以航空摄影测量为核心技术制造的。

2. 现状地物建模

现状地物包括地面的建筑、道路、构筑物，地下的市政管线、地铁等影响设计分析的现状模型。随着三维可视化应用的深入，对地理环境真实感和逼真度的需求也越来越高，高精度的地形与地物的逼真展示成为虚拟地理环境仿真的关键之一。应用 BIM 技术，对建筑全生命周期进行全方位管理，是实现建筑业信息化跨越式发展的必然趋势，同时，也是实现项目精细化管理、企业集约化经营的最有效途径。

（1）BIM 软件三维建模

建筑设计除应考虑现有地形条件外，还应妥善处理建筑场地与周围建筑物、公用设施的关系，如交通出入口设置、周边建筑的协调、绿地树木的保留等，要充分合理地分析和利用。现状道路建模通过采集道路的平面走向、纵断高程和横断宽度数据，通过三维道路建模软件如 Civil 3D、Infra Works 或 Power Civil 等软件复原现状道路，建模精度以满足建筑场地设计出入口设置要求和反映现有交通状况为宜。现有建筑可根据原建筑竣工图纸翻建，若无法找到图纸，可采用现场测量翻建，三维激光扫描，当需要大范围建筑群数据时，亦可采用航空倾斜摄影等手段完成现有建筑的建模，如图 4-12 所示。

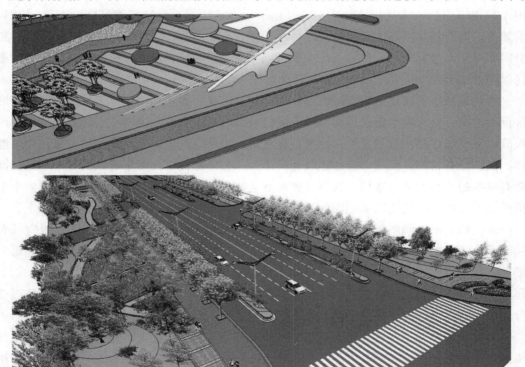

图 4-12　现状道路建模效果图

现状建筑建模可采用 BIM 软件直接完成，也可采用常用 3D 建模软件完成，如 SketchUP、3D MAX 等，建模精度以充分表达建筑体量，能满足建筑设计配合分析为宜，一般以建筑外形建模为主。非 BIM 软件创建的现状建筑模型可以用 OBJ、3DS、FBX 等数据格式进行转换，再进一步导入地形模型中，实现场地的集成。

（2）点云测量建模

现实捕捉技术方兴未艾，简单地讲现实捕捉技术就是把现实中的现状信息数字化到计算机中以便做进一步的处理。对于不同的应用目的会有不同的捕捉设备，工程或传媒娱乐行业中经常用到的是三维模型。那如何得到三维模型呢？一般是通过全站仪、GPS 测绘后建模，激光扫描仪扫描点云等。

1）航拍测量

从空中测绘的角度来看，建筑与地表是类似的被测对象，地物建模的过程与地形建模是一致的，最主要的区别在于地表一般来说可以被看作略有起伏的平面对象，相机向下平行拍摄即可获取基本完整的 DEM 数据，但建筑是散文化的闭合物体，若要测绘各个完整表面，需要更多的拍摄机或扫描机位围绕着被测建筑，因此作业方法相对来说更复杂。

即便是最简单的正方体普通现代建筑，也需要多角度围绕拍摄才能获得完整的表面模型（DSM），拍摄角度不仅要环绕水平地面，最好还有空中多角度环绕拍摄。若换作表面凹凸、充满细节装饰的古代建筑，其拍摄机位、照片数量的要求就更高了。例如：图 4-13 所示某实心古塔摄影测量实施过程中，为了达到亚毫米级细腻度的 DSM 数据，需要无人航空器从零高度到塔尖连续环绕拍摄，获得超过 300 张以上的 3600 万像素高分辨率照片，生成的点云包含 4 亿多个彩色三维点，在计算机工作站上，全部计算过程耗时超过 3 天。

古建筑测绘不仅要记录表面雕刻、装饰细节，也需要精确测定建筑主体歪闪、变形等保存现状，对于现代建筑目标以及空间分析类的需求来说，完全不必如此精细，因此航线可以更高、照片数量更少、计算过程更快。但是空间分析的绝大多数对象是建筑群体，例如已有村镇、街巷，这些建筑拥挤排列、相互遮挡，而每个建筑的每个朝向都需要有基本的完整的测量数据，这样才能保证空间分析的正确性，因此原有的竖直向下拍摄模式不再使用，代之以采用四向倾斜拍摄方法。

载人机的四向倾斜拍摄大多是使用四个 45° 倾斜摆放的航测相机，每个朝向都有 90° 夹角（如东、南、西、北四个方向），这样在飞机掠过一个地块的时候，建筑的每个朝向、每个主要的表面都能被拍到，建立相对完整的三维模型。在小型无人机上，为了尽可能缩小设备重量、降低成本，也可以仅安装一台倾斜拍摄的相机，但同一地块需要分四次飞行，每次的航向均不同，以达到和载人机四相机拍摄相近的效果。

在建筑紧密遮挡的条件下，为了尽可能获得完整的建筑模型，还有可能需要调整相机的向下俯角，因此拍摄角度的设置和调整还与街巷高宽比、建筑形态、院落尺寸等密切相关，其专业性较强。当然获得的成果也是最翔实、信息最完整的。例如图 4-14 所示，基于四向倾斜拍摄，村落中的各个建筑均有较为完整的外表面三维数据，虽然仍然是由点云组成的"沙子"模型，但可读性已经非常好了，这样的高质量三维数据清理、修补的工作量少，更容易完成后处理，得到 DSM 模型。

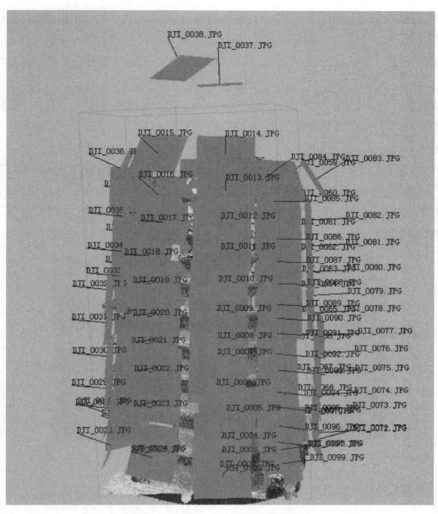

图 4-13　某实心古塔摄影测量图

图 4-14　某村落点云模型图

　　总之，无人机低空测绘是建筑师了解和调查地块现状的有力工具，可以应用到地形建模或者现状地物（建筑）建模工作中，所采用的方法都是接近的，只不过地形测量相对更为简单，建筑建模的方法更复杂，若要得到最优的测绘数据，需要具体环境具体分析。

　　在实际工作中，使用低空平台进行地物、地形测绘和建模是统一的、不必截然分开的。使用四向倾斜拍摄方法测绘古村落建筑群的同时，也获得了高质量的村落周边地形数据，包括农田、山地、植被等。

　　机载激光扫描亦然，为了皇陵从望柱到宝顶轴线上的全部建筑、基础等地物扫描完整，无人直升机采用了迂回的 U 形航线，从每组建筑之间的空地穿过，这样的遮挡最少，模型最完整。从图 4-15 中可以看到，得到建筑物数据的同时，其实也获得了相当完整的地形数据。

图 4-15　皇陵机载激光扫描图

2）Autodesk ReCap Photo

图 4-16　Recap 模型

通过照片建模的技术——Autodesk ReCap Photo，这是一个基于云端的技术。比如你需要对某个雕塑进行快速建模，基本的流程是，用相机对这个雕塑进行拍照一周，然后把照片上传到 ReCap 360 服务器，ReCap 360 会在云端对这些照片进行处理生成三维模型下载。

　　在拍照时的一个基本的要求就是这些照片要有重叠，ReCap360 Photo 服务器会根据不同照片中的重叠点进行计算，从而还原成三维模型。为保证模型生成效果，最后每隔 5°～10°就拍摄一张照片，即围绕物体一周至少拍摄 36 张照片，如图 4-16 所示，当然模型的精细程度，取决于照片的质量，如果用高像素单反相机拍照，可以得到非常精细的模型。

（3）地面激光扫描建模

对于建筑、地物建模，地面激光扫描也是常用的空间数据采集手段。地面激光扫描设备中，最常见的是基站式激光扫描仪。该扫描仪能够在水平和俯仰两个角度上旋转，不断发射出高频率激光束，根据接收的反射光束和自身旋转角度计算出大量目标点的坐标，构成三维点云，完成对周边环境的扫描。因此，三维激光扫描仪非常适用于获得建筑室内空间的详细测绘数据，也适用于获取外墙、屋檐下的三维数据。地面激光扫描具有易于学习使用的优点，只是受到站位高度的限制，在建筑顶部容易出现数据缺损。地面测绘手段还有近景摄影测量等多种，但受拍摄角度限制，目前应用不及无人机低空摄影测量普及。

（4）测绘数据的后期处理

不论机载激光扫描、机载摄影测量或其地面版本，都不是独立使用的。首先，所有扫描都基于全站仪、测量型 GPS 给出的控制点坐标实施；其次，目前空中或地面的激光扫描、摄影测量都逐渐开始被组合使用、扬长避短，尤其是当无人机低空平台引入后，由于飞行高度可以从零起步，因此空-地之间的配合作业可以达到无缝衔接的程度。

由于建筑是构造复杂的建模对象，其智能化、自动化的程度有限，自动三角化、构面生成的模型难以令建筑师满意，人工描绘、修补甚至人工重建模操作是不可避免的，这显著降低了地物建模的效率，因此，有用数据的自动化提取一直是近几年来相关研究的热点。相信伴随着相关软件技术的进步，以上操作的自动化水平必然逐年提高，发展前景看好，为建筑师提供翔实的场地数据和快捷的处理服务。

现状地物建模应当考虑其适当的精度，一般而言，除了极为特殊的情况，需要非常准确的建模，一般能够大致满足设计前期对场地模拟的需要即可。

4.2　针对模型的分析

在 Revit 软件中，场地平整及土方计算功能必须借助"阶段"功能实现，即 Revit 将原始地面标记为已拆除，并创建一个地形副本用来编辑，平整后两个表面对比即可计算挖（填）土方量。场地平整后即可在建筑区域内添加地坪，并设置地坪的结构和深度。然后进一步通过子面域处理在场地中分出道路、水系等其他因素。

建设场地往往是高低起伏的，坡度和高程分析是场地分析的重要内容。通常当地表坡度超过 25% 时，不利于施工，且容易产生水土流失；当坡度大于 10% 时，建筑室外活动会受到一定的限制，不利于停车、驻车，施工也比较困难；而当地表坡度在 5%～10% 时，能够进行一般的户外活动，施工不会有较大困难；理想的场地地表坡度应在 5% 以内，它适合于大多数的户外活动，施工也相对容易。利用 BIM 场地模型，可快速实现场地的高程分析、坡度分析、日照分析等，尽量选择较为平坦、采光良好的区域，并根据防洪和排水要求对地表进行雨水分析及模拟，以便于减少开发后的径流量，并根据综合分析结果，合理布置建筑体量、规划场地要素，为建设和使用创造便利的条件。

建筑业每年对全球资源的消耗和温室气体的排放几乎占全球总量的一半，采用有效手段减少建筑对环境的影响具有重要意义，因此在项目的规划阶段进行必要的环境影响分析显得尤为重要。通过基于 BIM 的参数化建模软件，如 Revit 的应用程序接口 API，将建筑信息模型 BIM 导入各种专业的可持续分析工具软件，如 Ecotect 软件中，可以进行日照、可视度、光环境、热环境、风环境等的分析、模拟仿真。在此基础上，对整个建筑的能耗、水耗和碳排放进行分析、计算，是建筑设计方案的能耗符合标准，从而可以帮助设计师更加准确地评估方案对环境的影响程度，优化设计方案，将建筑对环境的影响降到最低。

4.2.1　高程分析

高程分析是将地形等高线根据场地使用需求划分为不同的分组，用不同的颜色或标识加于区分，以显示地形的高低变化的过程。通过高程分析，可全面掌握场地的高程变化、高程差等情况。高程分析可为工程的整体布局提供决策依据，如建筑物有交通要求、高程要求、视野要求，特别是临近水域，当有防洪要求时，高程分析则显得尤为重要。

Autodesk Infra Works 软件和 Civil 3D 软件均提供了场地地形分析的功能。场地地形高程分析，需要在软件中首先完成分析准备工作。在软件模型分析功能中，设定高程分析主题，根据场地情况和具体场地建设需求，设定高程分析的最小值和最大值，并设定高程分组数（规则数），将场地分为等间距的若干组。准备工作完成后，将该分析主题应用到场地模型，即可得到场地地形高程分析结果，并可从三维模式对场地高程分布进行精细查看，如图 4-17 所示。

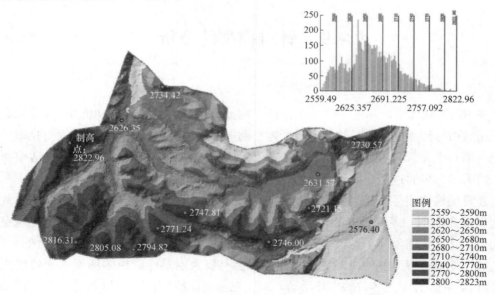

图 4-17　场地高程分析图

4.2.2　坡度分析

坡度分析是按一定的坡度分类标准，将场地划分为不同的区域，并用相应的图例表示出来，直观地反映场地内坡度的陡与缓，以及坡度变化情况。以坡度分析为例，坡度分析结果可用两种不同的图例表示方法进行展示：一种是以不同颜色表示不同的坡度分组；另一种是用更为具体的颜色坡度箭头，如图 4-18 所示。

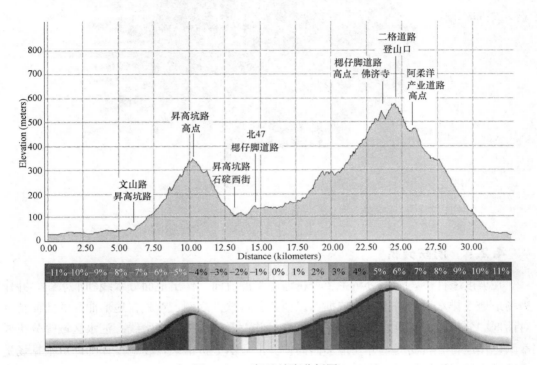

图 4-18　（场地坡度分析图）

4.2.3　日照分析

在传统建筑设计过程中，建筑师需要依赖于记忆和经验对建筑设计中的光环境进行处理。Revit 软件提供基于三维设计模型的日光分析功能，可供建筑师直观地评估自然光对建筑设计及其对场地周边环境的影响。日光分析包括"静止""一天""多天""照明"四种模式，基本操作步骤为设置项目模型的地理位置，创建日光研究视图、创建日光研究方案、查看日光研究动画或图像，保存日光研究图像或导出日光研究动画。

日照分析原理是根据场地坡向的不同，将场地划分为不同的朝向区域，并用不同的图例进行表示，为场地内建筑采光、间距设置、遮阳防晒等设计提供依据的过程。我国地处北半球，南坡向是向阳坡，利于采光，建筑日照间距可相应缩小；北向坡则与之相反，建筑间距布置则应相对增大，以满足必要的日照要求。朝向分析可根据场地地形的不同，区分为不同的朝向分组，最简单的分组可分为东、南、西、北四个方向。以场地朝向分析为例，根据场地情况和具体场地建设需求，设定朝向分组，将该分析主题应用到场地模型，即可得到场地朝向分析结果，如图 4-19 所示。

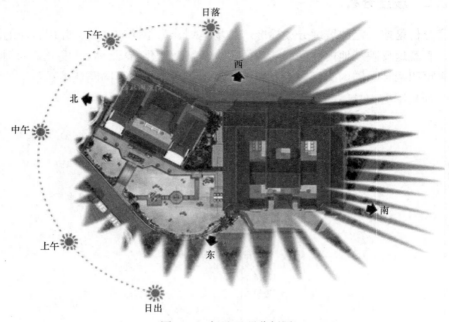

图 4-19　场地日照分析图

4.2.4　消防分析

在坡度条件下，消防分析主要分析地表水的流向，作出地面分水线和汇水线，并作为场地地表排水及管道埋设的依据。以消防分析软件为例，首先在地形曲面的曲面特性对话框"分析"标签页设定最小平均深度，并设置分水线、汇水线、汇水区域等分析要素颜色，运行分析功能，并在地形曲面模型上显示分析结果，场地设计师即可根据场地自然排水情况设计场地坡度和排水设施，如图 4-20 所示。

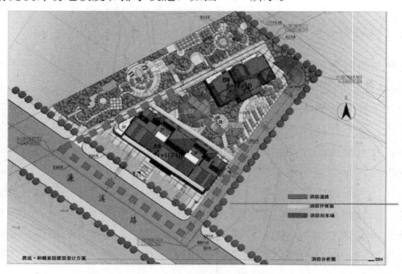

图 4-20　场地消防分析图

4.2.5　建筑容积率指标分析

Revit 的体量功能在这方面作了有针对性的优化，如图 4-21 所示，是某个公共服务站体量，已按设计高度划分了楼层，体量属性中显示了楼层面积，如果选择单个楼层则可查看单层面积。如果对此体量进行修改，其属性值会跟着修改。为了对多个不同功能的体量进行区分，在其"注释"参数中添加了功能分类。

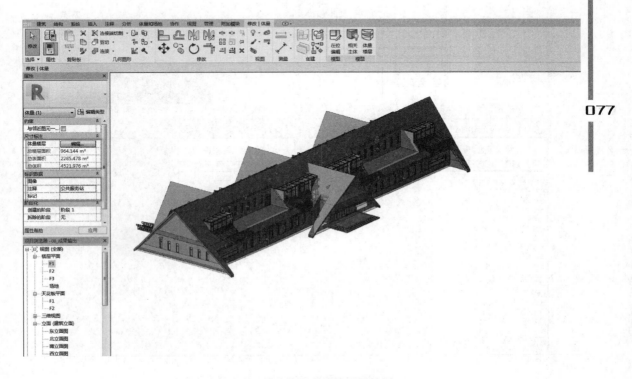

图 4-21　某公共服务站楼层属性图

整个规划范围里的各个单体都有了初步体量及位置后，就可以通过 Revit 的明细表功能对体量指标进行统计。如图 4-22 所示，是整个公共服务站的初步规划方案，图中列出两个明细表，一个是各个单体的建筑面积汇总表，一个是各种功能属性的面积表，并对其比例进行统计。这些明细表可以根据自己的需要添加其他参数（如层高）或计算值（如百分比），由软件实时、自动地完成指标统计，因此可对设计过程中的总体控制提供非常高效的帮助。

对于另外两个重要的指标：容积率与建筑密度，Revit 没有提供直接的参数，需通过计算值来统计。容积率的计算方法是将每个楼层面积除以总用地面积，得出的汇总数就是容积率，计算公式如图 4-23 所示，如果有不计面积的地下室，则需另外设置过滤器将其排除。建筑密度要复杂一些，需要将各栋单体楼的首层面积除以总用地面积再汇总，对于多个单体且标高各不相同的规划方案，需要设置条件，对各个单体的首层过滤出来。

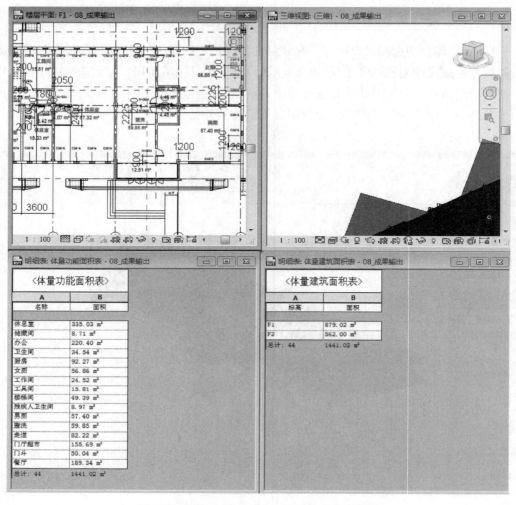

图 4-22 某公共服务站功能面积和建筑面积图

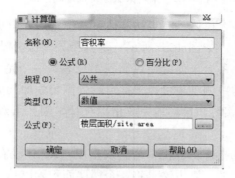

图 4-23 容积率计算图

Revit 的明细表功能强大，可以帮助我们快速实现各种数据的统计汇总。需要注意的是，针对体量楼层所做的建筑面积统计，只是粗略的外轮廓线面积，没有对阳台、架空等特殊部位进行处理，因此并非精确数值，仅在总图规划阶段辅助进行总体控制。

4.3　方案的决策

在项目的早期阶段，面积和体积是两个最为重要的估算投资的参数。计算概念设计模型中不同功能空间和构件的面积和体积，然后将其与相应的单位成本（每平方米价格或每立方米价格）相乘，就可以得到该空间或构件的估算价格。将所有空间和构件的估算价格相加就可以得到该项目方案的估算价格。单位成本信息通常来自历史数据库、过去项目的经验数据、供应商和分包商的成本信息。BIM 应用软件通常会集成地区历史数据和来自供应商的成本信息，同时允许用户根据项目类型、结构形式、质量等级、功能特点等信息对单位成本进行调整，或直接采用用户的经验数据。

此阶段是工程项目建设过程中非常重要的一个阶段，在这个阶段中将决策整个项目实施方案，确定整个项目信息的组成，对于工程招标、设备采购、施工管理、运维等后续阶段具有决定性影响。

方案决策主要是通过设计单位、业主单位等各参与方的组织、沟通和协调的过程。随着 BIM 技术在我国建筑领域的逐步发展和深入应用，决策阶段将率先普及 BIM 技术应用，基于 BIM 技术的决策阶段项目管理将是大势所趋。掌握 BIM 技术，更好地从决策阶段进行精益化管理，降低项目成本，提高设计质量和整个工程项目的完成效能，将具有十分积极的意义。

在此阶段项目管理工作中应用 BIM 技术的最终目的是提高项目设计自身的效率，提高设计质量，强化前期决策的及时性和准度，减少后续施工期间的沟通障碍和返工，保障建设周期，降低项目总投资。

设计单位在此阶段利用 BIM 的协同技术，可提高专业内和专业间的设计协同质量，减少错漏碰缺，提高设计质量；利用 BIM 技术的参数化设计和性能模拟分析等各种功能，可提高建筑性能和设计质量，有助于及时优化设计方案、量化设计成果，实现绿色建筑设计；利用 BIM 技术的 3D 可视化技术，可提高和业主、供货方、施工等单位的沟通效率，帮助准确理解业主需求和开放意图，提前分析施工工艺和技术难度，降低图纸修改率，逐步消除设计变更，有助于后期施工阶段的绿色施工；更便于设计安全管理、设计合同管理和设计信息管理，更好地进行设计成本控制、设计进度控制和设计质量控制，更有效地进行与设计有关的组织和协调。

业主单位在此阶段通过组织 BIM 技术应用，可以提前发现概念设计、方案设计中潜在的风险和问题，便于及时进行方案调整和决策；利用 BIM 技术与设计、施工单位进行快捷沟通，可提高沟通效率，减少沟通成本；利用 BIM 技术进行过程管理，监督设计过程，控制项目投资、控制设计进度、控制设计质量，更方便地对设计合同及工程信息进行管理，有效地组织和协调设计、施工以及政府等相关方。

正确应用 BIM 技术服务项目的早期估算，能有效支持项目的方案比选和成本控制。但是，在投资估算上用好 BIM 技术并不是一件简单的事情。如果把应用 BIM 技术支持早期成本估算认为就是购买一款实用的 BIM 软件并进行相应的培训，这样会有事倍功半的效果。在任何领域成功应用一项新技术，都需要周密的计划、有步骤地实施并且要投入可观的时间和资金。

综上所述，BIM 结合专业的建筑物系统分析软件避免了重复建立模型和采集系统参数。通过 BIM 可以验证建筑物是否按照特定的设计规定和可持续标准建造和通过这些分析模拟，最终确定、修改系统参数甚至系统改造计划，以提高整个建筑的性能，为整个项目决策起到了关键作用。

4.4 小 结

本教学单元主要介绍了 BIM 在房间、公路、桥梁等项目规划阶段的应用情况及价值。在房屋建筑中 BIM 主要用于体量建模、节能分析、初步设计方案比选等方面；在基础设施建设中 BIM 用于三维地形建模、线路方案选择等方面。总之，在项目的前期阶段如果借助 BIM，决策者将获得较直观的三维立体模型，对方案的理解更深入，几种方案比选时区别更清楚，可减少遗漏的问题。

教学单元 5

BIM 在设计阶段的应用

【教学目标】通过本单元的学习，使学生对 BIM 在设计阶段的应用点有基本的概念认识：熟悉 BIM 在方案阶段、初步设计阶段、施工图设计阶段、绿色建筑设计阶段的应用价值，初步具备根据设计过程中各阶段的不同需求，选择 BIM 技术应用点的能力。

　　设计阶段是工程项目建设过程中非常重要的一个阶段，在这个阶段中将决策整个项目实施方案，确定整个项目信息的组成，对工程招标、设备采购、施工管理、运维等后续阶段具有决定性影响，此阶段一般分为方案设计、初步设计和施工图设计三个阶段。设计阶段的项目管理主要包含设计单位、业主单位等各参与方的组织、沟通和协调等管理工作。随着 BIM 技术在我国建筑领域的逐步发展和深入应用，设计阶段将率先普及 BIM 技术应用，基于 BIM 技术的设计阶段项目管理将是大势所趋。掌握 BIM 技术，更好地从设计阶段进行精益化管理，降低项目成本，提高设计质量和整个工程项目的完成效率，将具有十分积极的意义。

　　那么 BIM 在设计阶段是怎样应用的呢？

5.1　方案设计阶段

　　方案设计主要是指从建筑项目的需求出发，根据建筑项目的设计条件，研究分析满足建筑功能和性能的总体方案，提出空间架构设想、创意表达形式及结构方式的初步解决方法等，为项目设计后续若干阶段的工作提供依据及指导性的文件，并对建筑的总体方案进行初步的评价、优化和确定。

　　方案设计阶段的 BIM 应用主要是利用 BIM 技术对项目的可行性进行验证，对下一步深化工作进行推导和方案细化。利用 BIM 对建筑项目所处的场地环境进行必要的分析，如坡度、方向、高程、纵横断面、填挖方、等高线、流域等，作为方案设计的依据。进一步利用 BIM 软件建立建筑模型，输入场地环境相应的信息，进而对建筑物的物理环境（如气候、风速、地表热辐射、采光、通风等）、出入口、人车流动、结构、节能排放等方面进行模拟分析，选择最优的工程设计方案。

　　方案设计阶段 BIM 应用主要包括利用 BIM 技术进行概念设计、场地规划和方案选择。

5.1.1　概念设计

　　概念设计即是利用设计概念并以其为主线贯穿全部设计过程的设计方法。它是完整而全面的设计过程，通过设计概念将设计者繁复的感性和瞬间思维上升到统一的理性思维从而完成整个设计。概念设计阶段是整个设计阶段的开始，设计成果是否合理，是否满足业主要求对整个项目的以下阶段实施具有关键性作用。

　　基于 BIM 技术的高度可视化、协同性和参数化的特性，建筑师在概念设计阶段可实现在设计思路上的快速精确表达的同时，实现与各领域工程师无障碍信息交流与传递，从而实现了设计初期的质量、信息管理的可视化和协同化。在业主要求或设计思路改变时，基于参数化操作可快速实现设计成果的更改，从而大大提高了方案阶段的设计进度。

BIM 技术在概念设计中应用主要体现在空间形式思考、饰面装饰及材料运用、室内装饰色彩选择等方面。

1. 空间设计

空间形式及研究的初步阶段在概念设计中称其为区段划分，是设计概念运用中首要考虑的部分。

（1）空间造型

空间造型设计即对建筑进行空间流线的概念化设计，例如某设计是以创造海洋或海底世界的感觉为概念则其空间流线将应多采用曲线、弧线、波浪线的形式为主。当对形体结构复制的建筑进行空间造型设计时，利用 BIM 技术的参数化设计可实现空间形体的基于变量的形体生成和调整，从而避免传统概念设计中的工作重复，设计表达不直观等问题。

1）下面以某体育馆概念设计为例，具体介绍 BIM 技术在概念设计阶段空间形体设计中的应用。

该体育场以"荷"为设计概念，追寻的是一种轻盈的律动感，通过编织的概念，将原本生硬的结构骨架转化为呼应场地曲线的柔美形态，再以一种秩序将这些体态轻盈的结构系统编织起来，最终形成了体育场的主体造型。在概念设计初期，使用 Grasshopper 编写的脚本来生成整个罩棚的形体和结构，而后设计师通过参数调节单元形体及整个罩棚的单元数量快速、准确地生成一系列比选方案，使建筑师可以做出更准确的决定。从而实现柔美轻盈的设计概念的同时满足工业生产对标准化的要求，如图 5-1 所示。

图 5-1　荷体育馆空间图

2）下面以 Dynamo 参数化分形为例，具体介绍 BIM 技术在概念设计阶段空间形体设计中的应用。

一般的盾构隧道管片是由 3 块标准块、2 块邻接块、1 块封顶块组成的环。直线段的隧道管片环是等宽度的，各个环上的管片都是一样的，就算要错缝也是一样的。但是

转弯的圆弧段，隧道管片环不是等宽的，如果要错缝的话，环片就有多个尺寸了，如图
5-2 所示。

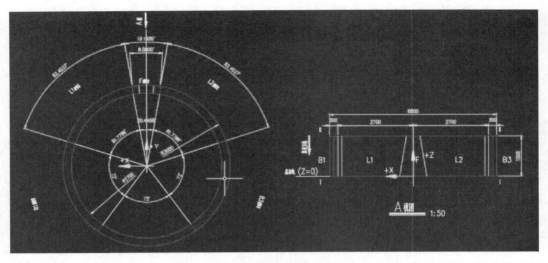

图 5-2　某隧道管片参数

　　常规的管片布置是一环标准环，一
环楔形环，交替布置。错缝的形式也只
是错开一个螺栓的位置。这样做，管片
的结构尺寸就不会差异太多，比较容易
设计和生产，以及装配。现在很多建筑
外墙都是异形的三维曲面，在曲面上安
装的各类幕墙结构，每一片玻璃、连接
杆或者框架结构都是不一样的，现在通
过 BIM 的参数化，每个零件的尺寸都
能统计出来（图 5-3），在工厂里就能定
制生产后，到现场装配起来。这是个性
化建筑结构的必然趋势。

　　同理，为了适应更复杂三维隧道走
线的需要，复杂管片结构的设计也是必
然，同样需要 BIM 参数化的支撑。有
了各个管片的结构尺寸，以现有模具制
造的技术水平，完全可以生产局部变形
的管片结构。错缝的布置和管片的结构
尺寸是有关系的，以 Dynamo 错缝五种
形式〔通缝（即不错缝）、顺时针错缝、
逆时针错缝、摆动错缝、360°环向错

图 5-3　某隧道管片参数统计

缝]为例,如图 5-4 所示。

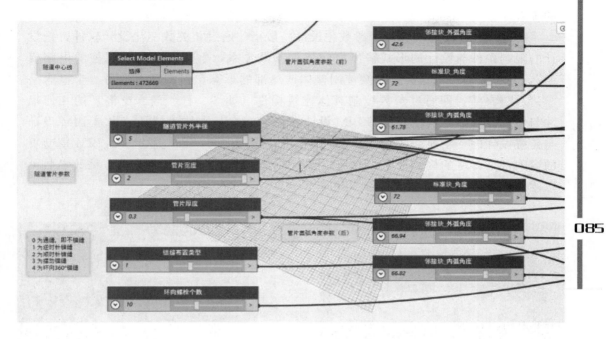

图 5-4　某隧道 Dynamo 错缝

(2)空间功能

空间功能设计即对各个空间组成部分的功能合理性进行分析设计,传统方式中可采用列表分析、图例比较的方法对空间进行分析,思考各空间的相互关系、人流量的大小、空间地位的主次、私密性的比较、相对空间的动静研究等。基于 BIM 技术可对建筑空间外部和内部进行仿真模拟,在符合建筑设计功能性规范要求的基础上,高度可视化模型可帮助建筑设计师更好地分析空间功能是否合理,从而实现进一步的改进、完善。这样便有利于在平面布置上更有效、合理地运用现有空间,使空间的实用性充分发挥,如图 5-5 所示。

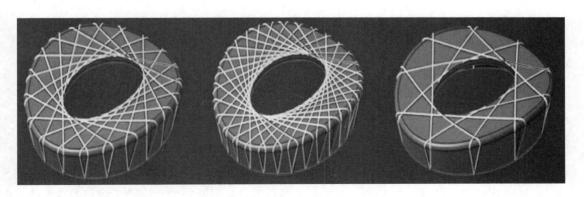

图 5-5　空间模拟分析图

下面以体量参数化建模为例，具体介绍 BIM 技术在概念设计阶段空间形体设计中的应用。

在建筑设计的语境当中，参数化设计一般指"通过相关数字化设计软件，把设计的限制条件与设计的形式输出之间建立参数关系，生成可以灵活调控的电脑模型"，其关注的重点是通过参数控制整体或局部的形态。但需理清的另一个概念是"参数化构件"，即通过参数控制具体建筑构件（如墙、柱、门、窗等）的几何尺寸与信息。参数化构件是所有 BIM 设计软件的一个基本技术特征，也是 BIM 设计与传统设计的一个显著区别。图 5-6 则是参数化构件的一个典型示例，BIM 模型里的窗附带了详尽的构件信息，既是几何参数，也是描述性的文本参数，修改参数可以驱动模型的变更。

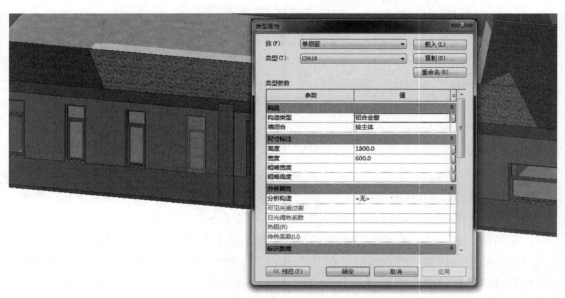

图 5-6　窗族参数

自适应功能是 Revit 里概念设计的参数化工具，简单地说，就是在自适应族里根据若干指定的点（称为自适应点）进行构件的定位与建模，载入其他构件族后，依次拾取目标点，即可将原来的指定点一一对应到目标点，同时形体将自动适应几何条件。通过一些参数的控制，自适应族可以做出有规律的体量或表皮效果；甚至可以叠加参数的变化，得到出乎意外的复杂效果；同时还可通过"报告参数"的功能，提取自适应后的几何数据，进行列表分析。以梦露大厦的制作为例，其几何秩序为一个椭圆平面，随着高度增长而旋转，因此思路是通过高度控制旋转角度，如图 5-7 所示。

通过调整单层体量族的参数，如长短轴的长度、每层旋转的角度等，重新加载整体体量族，可得出不同的体型供对比选择，如图 5-8 所示。

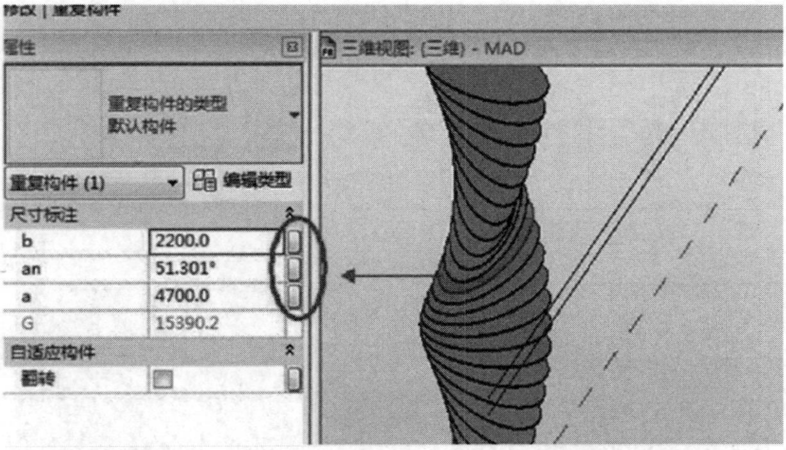

图 5-7　梦露大厦参数

图 5-8　梦露大厦形体

2. 饰面装饰初步设计

饰面装饰设计来源于对设计概念以及概念发散所产生的形的分解，对材料的选择是影响能否准确有力地表达设计概念的重要因素。选择具有人性化的带有民族风格的天然材料还是选择高科技的、现代感强烈的饰材都是由不同的设计概念而决定的。基于BIM 技术，可对模型进行外部材质选择和渲染，甚至还可对建筑周边环境景观进行模拟，从而能够帮助建筑师高度仿真地置身整体模型中，对饰面装饰设计方案进行体验和修改，如图 5-9 所示。

3. 室内装饰初步设计

色彩的选择往往决定了整个室内气氛，同时也是表达设计概念的重要组成部分。在室内设计中设计概念既是设计思维的演变过程也是设计得出所能表达概念的结果。基于BIM 技术，可对建筑模型进行高度仿真性内部渲染，包括室内材质、颜色、质感甚至家具、设备的选择和布置，从而有利于建筑设计师更好地选择和优化室内装饰初步方案，如图 5-10 所示。

图 5-9　外部饰面效果图

5.1.2　场地规划

场地规划是指为了达到某种需求，人们对土地进行长时间的、刻意的人工改造与利用。这其实是对所有和谐的适应关系的一种图示，即分区与建筑、分区与分区。所有这些土地利用都与场地地形适应。

基于 BIM 技术的场地规划实施关联流程和内容如图 5-11 所示。

图 5-10　室内装饰效果图

步骤	流程	实施管理内容
1	数据准备	1. 地勘报告、工程水文资料、现有规划文件、建设地块信息
		2. 电子地图（周边地形、建筑属性、道路用地性质等信息），GIS 数据
2	操作实施	1. 建立相应的场地模型，借助软件模拟分析场地数据，如坡度、方向、高程、纵横断面、填挖方、等高线等
		2. 根据场地分析结果，评估场地设计方案或工程设计方案的可行性，判断是否需要调整设计方案；模拟分析、设计方案调整是一个需多次推敲的过程，直到最终确定最佳场地设计方案或工程设计方案
3	成果	1. 场地模型。模型应提现场地边界（如用地红线、高程、正北向）、地形表面、建筑地坪、场地道路等
		2. 场地分析报告。报告应体现三维场地模型图像、场地分析结果，以及对场地设计方案或工程设计方案的场地分析数据对比

图 5-11　场地规划实施关联流程图

BIM 技术在场地规划中的应用主要包括场地分析和整体规划。

1. 场地分析

场地分析是对建筑物的定位、建筑物的空间方位及外观、建筑物和周边环境的关系、建筑物将来的车流、物流、人流等各方面的因素进行集成数据分析的综合。场地设计需要解决的问题主要有：建筑及周边的竖向设计确定、主出入口和次出入口的位置选择、考虑景观和市政需要配合的各种条件。在方案策划阶段，景观规划、环境现状、施工配套及建成后交通流量等方面，与场地的地貌、植被、气候条件等因素关系较大。传统的场地分析存在诸如定量分析不足、主观因素过重、无法处理大量数据信息等弊端。通过 BIM 结合 GIS 进行场地分析模拟，得出较好的分析数据，能够为设计单位后期设计提供最理想的场地规划、交通流线组织关系、建筑布局等关键决策。利用相关软件对场地地形条件和日照阴影情况进行模拟分析，帮助管理者更好把握项目的决策，如图5-12 所示。

图 5-12　场地效果图

下面以道路布设为例，具体介绍 BIM 技术在场地分析中的应用。

建筑场地除了通过出入口与外部联系外，内部建筑之间的联系依靠内部交通道路的布置，特别是复杂地形项目中，道路系统设计除了需要满足横断面的配置要求，符合消防及疏散的安全要求，达到便捷流畅的使用要求外，作为场地内各标高台地的衔接和过渡空间，还需考虑与场地标高的衔接问题。基于 Power Civil 软件的场地道路设计能够依据设计标高自动生成道路曲面，实现平面、纵断面、横断面和模型协调设计，具有动态更新特性，可帮助用户进行快速设计、分析、建模，从而高效地确定场地道路设计的最佳方案，效果如图 5-13 所示。

Revit 自带的场地道路设计是在整理过的地形上进行的。在绘制地形表面并经过场地平整之后，接下来就要进行地形表面的编辑，即场地规划。场地规划在 Revit 中可通过拆分表面以及子面域的方式来处理。拆分表面主要是通过将一个地形表面拆分为几个

图 5-13　某别墅道路设计

不同的表面，然后分别编辑这几个表面的形状，并制定不同的材质表示公路、湖泊、广场等。而采用子面域的方法做场地设计则能动性更强。在现有的地形表面内部绘制一个封闭区域，并设置属性，如设置不同材质，表示不同的区域，而原始的地形表面并没有发生变化，子面域轮廓线可以任意绘制，如超出地形表面之外，完成后的子面域会自动进行处理和地形边界重合。

2. 整体规划

在一些大型的整体规划项目中，往往需要快速地建立不同的体块方案来对比测试，在这种项目中，对基地内体块之间关系的把控以及对整个基地的面积的控制显得尤为重要。Revit 在这两方面有着极为突出的优势。首先，建筑师对基地周边通过 Revit 的三维表现有所了解后，可以迅速地在 Revit 中建立体块模型，并在 Revit 中使用"方案级"功能，可直观地在一个基地模型中尝试不同体量、体块造型，通过对比比选方案。其次，在体块生成的同时，可根据高度生成楼板，Revit 可通过表格的形式向建筑师反馈体块总面积。与此同时，体块间的相互关系也可直观通过三维的形式表现出来。

Revit 可以快速地通过设计师所建成的体块核算建筑乃至整个区域的面积。如图 5-14 所示，这为建筑师控制基地面积提供了极大的便利，而且随着体块模型的更改，面积也会相应地更新。与此同时，建筑师可以根据需要在 Revit 模型上做任意角度和位置的剖切，这也为建筑师理解区域内及建筑内的交通流线以及针对地形高差的衔接和处理提供更为便利的平台。在此平台上，建筑师可以方便快捷地检查并控制整个设计流程。

〈体量建筑面积表〉

A	B
标高	面积
F1	879.02 ㎡
F2	562.00 ㎡
总计: 44	1441.02 ㎡

〈体量功能面积表〉

A	B
名称	面积
休息室	335.03 ㎡
储藏间	8.71 ㎡
办公	220.40 ㎡
卫生间	34.54 ㎡
厨房	92.27 ㎡
女厕	56.86 ㎡
工作间	24.52 ㎡
工具间	15.81 ㎡
楼梯间	49.39 ㎡
残疾人卫生间	8.97 ㎡
男厕	57.40 ㎡
盥洗	59.85 ㎡
走道	82.22 ㎡
门厅超市	155.69 ㎡
门斗	50.04 ㎡
餐厅	189.34 ㎡
总计: 44	1441.02 ㎡

图 5-14　核算建筑及区域面积

在设计的前期，指标控制是一个比较重要的关注点，需在符合规划条件的前提下实现较优的经济技术指标。以往采用传统方式做场地及总体规划设计时，指标控制很难做到实时统计，每次修改方案都需要重新统计，效率较低。采用 BIM 设计方式则在此方面有所突破，基于其参数化、信息联动的技术特性，可以实现在体量建模与调整的同时，实时统计其技术指标。

通过 BIM 建立模型能够更好地对项目做出总体规划，并得出大量的直观数据作为方案决策的支撑。例如在可行性研究阶段，管理者需要确定出建设项目方案在满足类型、质量、功能等要求下是否具有技术与经济可行性，而 BIM 能够帮助提高技术经济可行性论证结果的准确性和可靠性。通过对项目与周边环境的关系、朝向可视度、形体、色彩、经济指标等进行分析对比，化解功能与投资之间的关系，使策划方案更加合理，为下一步的方案与设计提供直观、带有数据支撑的依据，如图5-15所示。

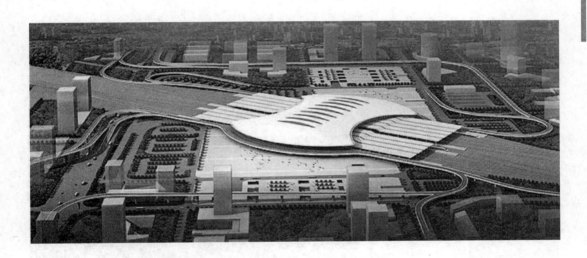

图 5-15　建筑模型总体效果图

5.1.3　方案选择

方案设计阶段应用 BIM 技术进行设计方案比选的主要目的是选出最佳的设计方案，为初步设计阶段提供对应的设计方案模型。基于 BIM 技术的方案设计是利用 BIM 软件，通过制作或局部调整方式，形成多个备选的建筑设计方案模型，进行比选，使建筑项目方案的沟通、讨论、决策在可视化的三维场景下进行，实现项目设计方案决策的直观和高效。

BIM 系列软件具有强大的建模、渲染和动画技术，通过 BIM 可以将专业、抽象的二维建筑描述通俗化、三维直观化，使得业主等非专业人员对项目功能性的判断更为明确高效，决策更为准确。同时基于 BIM 技术和虚拟现实技术对真实建筑及环境进行模拟，同时出具高度仿真的效果图，设计者可以完全按照自己的构思去构建装饰"虚拟"的房间，并可以任意变换自己在房间中的位置，去观察设计的效果，直到满意为止。这样就使设计者各设计意图能够更加直观、真实、详尽地展现出来，既能为建筑的投资方提供直观的感受，也能为后面的施工提供很好的依据。

下面以某高铁站基于 BIM 技术的设计方案比选为例对其中各主题方案对比情况做具体介绍。

在该项目设计方案比选过程中主要基于 BIM 技术对建筑整体造型进行仿真模拟和渲染，主要以效果图和三维动画的形式对方案进行展示。下面是该项目的三个不同主题方案。

方案一：金顶神韵

造型结构以武当山传统建筑为基础，通过现代建筑对古典建筑进行新的演绎，建筑整体由若干体量集聚而成。设计力图展现武当山古典建筑群规划严密、主次有序、建筑单体精巧玲珑的神韵，如图 5-16 所示。

图 5-16 金顶神韵方案设计效果图

方案二：秀水

以山水为原形，建筑立面形成以候车大厅、售票厅、出站厅为辅佐的"三座山峰"。候车雨篷和玻璃连廊犹如灵动的江水围绕在山峦之间。整体建筑与周边山体环境相交呼应，如图 5-17 所示。

方案三：汽车之魂

以该市著名工业产品——汽车为原型，以简洁抽象的手法再现工业汽车的流畅感和速度感。曲面屋顶酷似曲率自然流畅的车前盖。整体造型简洁、大气、现代、快速。彰显着"国际商用车之都"的恢宏大气，如图 5-18 所示。

图 5-17　秀水方案设计效果图

图 5-18　汽车之魂方案设计效果图

5.2　初步设计阶段

初步设计阶段是介于方案设计阶段和施工图设计阶段之间的过程，是对方案设计进行细化的阶段。在本阶段，推敲完善建筑模型，并配合结构建模进行核查设计。应用 BIM 软件构建建筑模型，对平面、立面、剖面进行一致性检查，将修正后的模型进行剖切，生成平面、立面、剖面及节点大样图，形成初步设计阶段的建筑、结构模型和初步设计二维图。

初步设计阶段 BIM 应用主要包括结构分析、性能分析和工程算量。

5.2.1　结构分析

最早使用计算机进行的结构分析包括三个步骤，分别是前处理、内力分析、后处理，其中前处理是通过人机交互输入结构简图、荷载、材料参数以及其他结构分析参数的过程，也是整个结构分析中的关键步骤，所以该过程也是比较耗费设计时间的过程；内力分析过程是结构分析软件的自动执行过程，其性能取决于软件和硬件，内力分析过程的结果是结构构件在不同工况下的位移和内力值；后处理过程是将内力值与材料的抗压值进行对比产生安全提示，或者按照相应的设计规范计算出满足内力承载能力要求的钢筋配置数据，这个过程人工干预程度也较低，主要由软件自动执行。在 BIM 模型支持下，结构分析的前处理过程也实现了自动化；BIM 软件可以自动将真实的构件关联关系简化成结构分析所需的简化关联关系，能依据构件的属性自动区分结构构件和非结构构件，并将非结构构件转化成加载于结构构件上的荷载，从而实现了结构分析前处理的自动化。

基于 BIM 技术的结构分析主要体现在：

（1）通过 IFC 或 Structure Model Center 数据建立计算模型。

IFC 框架提供了建筑工程实施过程处理的各种信息描述和定义的规范，这里的信息既可以描述一个真实的物体，如建筑物构件，也可以表示一个抽象的概念，如空间、组织、关系和过程等。

下面通过 IFC 文件导入 Revit 软件做具体的介绍。

单击"插入"选项卡＞"链接"面板＞"链接 IFC"命令，将导出的 IFC 导入新建的 Revit 文件中，如图 5-19 所示。

由于导出 IFC 时，空间边界选择了"第一级"，绑定后的模型会出现许多表达空间的立体"常规模型"，而且在房间内一层叠着一层。打开三维视图，查看导入的 IFC 链接文件，如图 5-20 所示。

（2）开展抗震、抗风、抗火等结构性能设计，如图 5-21 所示。

图 5-19　链接 IFC 文件到 Revit

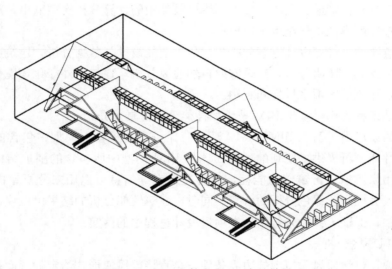

图 5-20　IFC 文件在 Revit 中的效果

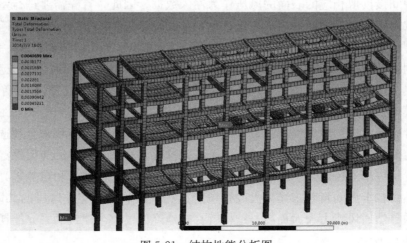

图 5-21　结构性能分析图

（3）结构计算结果存储在 BIM 模型或信息管理平台中，便于后续应用。

5.2.2　性能分析

利用 BIM 技术，建筑师在设计过程中赋予所创建的虚拟建筑模型大量建筑信息（几何信息、材料性能、构件属性等）。只要将 BIM 模型导入相关性能分析软件，就可得到相应分析结果，使得原本 CAD 时代需要专业人士花费大量时间输入大量专业数据的过程，如今可自动轻松完成，从而大大降低了工作周期，提高了设计质量，优化了为业主的服务。

性能分析主要包括以下几个方面：

（1）能耗分析：对建筑能耗进行计算、评估，进而开展能耗性能优化；

（2）光照分析：建筑、小区日照性能分析，室内光源、采光、景观可视度分析；

（3）设备分析：管道、通风、负荷等机电设计中的计算分析模型输出，冷、热负荷计算分析，舒适度模拟，气流组织模拟；

（4）绿色评估：规划设计方案分析与优化，节能设计与数据分析，建筑遮阳与太阳能利用，建筑采光与照明分析，建筑室内自然通风分析，建筑室外绿化环境分析，建筑声环境分析，建筑小区雨水采集和利用。

下面以某工程为例对基于 BIM 技术的性能分析做具体介绍。

在该楼的设计中，引入 BIM 技术，建立三维信息化模型。模型中包含的大量建筑信息为建筑性能分析提供了便利的条件。比如 BIM 模型中所包含的围护结构传递热信息可以直接用来模拟分析建筑的能耗，玻璃透过率等信息可以用来分析室内的自然采光，这样就大大提高了绿色分析的效率。同时，建筑性能分析的结果可以快速地反馈到模型的改进中，保证了性能分析结果在项目设计过程中的落实。

1. 建筑风环境分析

一般来说，自然通风模拟中的边界条件不是直接以风速形式给定的，而是从室外风环境模拟中间接读取相应的表面的风压作为输入数据。因此，首先需要进行室外风环境模拟来获取窗户等开口表面的风压数据，然后在 BIM 软件中再次导出要进行通风分析的室内模型，格式为 SAT 或 STL，然后在 STAR-CCM＋等 CFD 软件导入室内模型，划分计算网格并指定开口风压数据。如果要考虑热压的作用，需同时设置温度、辐射、围护结构热工参数。最后是设置 K-E 湍流模型及相应的收敛条件，所有设置完毕后就可以展开模拟。

在综合服务大楼的规划设计上，首先根据室外风环境的模拟结果来合理选择建筑的朝向，避免建筑的主立面朝向冬季的主导风向，这样就有利于冬季的防风保温，且在大楼中央设置了一个通风采光中庭，以此来强化整个建筑的自然通风和自然采光。通过这个中庭，不仅各个房间自然采光大大改善，而且在室内热压和室外风压的共同作用下，整个建筑的自然通风能力大大提高，这样就有效地降低了整个建筑的采光能耗和空调能耗，如图 5-22 所示。

2. 建筑自然采光分析

由于 Ecotect Analysis 对于 BIM 软件的支持度较高，因此在自然采光模拟中可以直接从 BIM 软件导出 gbXML 格式的模型文件，其中携带了材质以及地理位置等一系列的信息和数据。进入到 Ecotect Analysis 中，只需要设置工作平面位置、天空模型和分析指标类型即可展开模拟计算。另外，需要注意的一点是，周围的遮挡物在采光模拟中是需要考虑的，否则将导致模拟结果出现偏差。

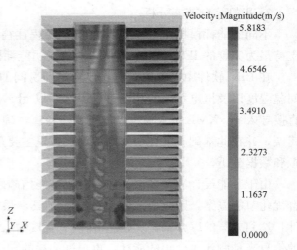

图 5-22 某综合大楼中庭模拟分析效果图

根据所针对的标准不同，自然采光中使用了不同的天空模型，我国国标中规定使用全阴天模型，而美国 LEED 标准则使用了晴天模型，它们对应的分析指标分别是采光系数和照度。另外，如果需要直观分析某一视觉的可视化采光效果，还可以使用基于亮度的模拟分析，其得出的结果非常接近于人眼看到的实际效果。

在建筑能耗的各个组成部分中，照明能耗所占的比重较大，为了降低照明能耗，自然采光的设计特别重要。在综合服务大楼的设计中，除了引入中庭强化自然采光外，还采用了多项其他技术。

为了验证设计效果，利用 BIM 模型分析大楼建成后室内的自然采光状况。BIM 模型包含了建筑围护结构的种种信息，特别是玻璃透过率和内表面反射率等参数，对采光分析尤为重要。图 5-23 表示了首层室内自然采光的模拟结果，从图上看，有 90% 左右的面积其采光系数超过 2%，远远超过绿色建筑三星标准中 75% 的要求。首层以上各层由于建筑自遮挡减少，自然采光效果更优。

图 5-23 建筑采光模拟分析图

3. 建筑综合节能分析

不同的能耗模拟软件与 BIM 协同的流程往往有较大的区别，这里我们将以对 BIM 支持最为完善的 IES〈VE〉为例，简要说明能耗模拟软件与 BIM 的协同工作流程。

在 BIM 软件中，首先要建立包含封闭房间的模型，其中可初步赋予围护结构、房间温湿度以及机电系统的数据信息，然后以 gbxXML 格式导出模型。在 IES〈VE〉中直接导入 gbxXML 格式模型，进行初步检查，确保 BIM 软件中的导出的各种信息没有错误，并在此基础上补充缺失的数据，这里主要是详细的机电系统数据，最后是展开模拟和数据分析。

由于节能设计涉及多个专业，各个节能措施之间相互影响，仅靠定性化分析很难综合优化节能方案，因此引入定量化分析工具，根据模拟结果来改进建筑及设备系统设计，达到方案的综合最优。将 BIM 模型直接输入到节能分析软件中，根据 BIM 模型中的信息来预测建筑全年的能耗，再根据能耗的大小调整建筑的各个参数，以实现最终的节能目标。建立能耗分析用建筑模型如图 5-24 所示。

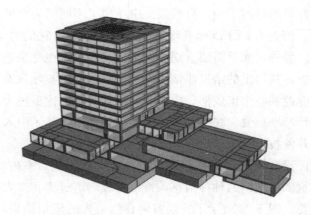

图 5-24　建筑综合模拟分析效果图

5.2.3　工程算量

工程算量的计算是工程造价中最烦琐、最复杂的部分。利用 BIM 技术辅助工程计算，能大大加快工程算量计算的速度。利用 BIM 技术建立起的三维模型可以极尽全面地加入工程建设的所有信息。根据模型能够自动生成符合国家工程量清单计价规范标准的工程量清单及报表，快速统计和查询各专业工程量，对材料计划、使用做精细化控制，避免材料浪费，如利用 BIM 信息化特征可以准确提取整个项目中防火门数量的准确数字，防火门的不同样式、材料的安装日期、出厂型号、尺寸大小等，甚至可以统计防火门的把手等细节。

在设计初步阶段中工程算量主要包括土石方工程、基础、混凝土构件、墙体、门窗工程、装饰工程等内容的算量。

1. 土石方工程算量

利用 BIM 模型可以直接进行土石方工程算量。对于平整场地的工程量，可以根据模型中建筑物首层面积计算。挖土方量和回填土量按结构基础的体积、所占面积以及所处的层高进行工程算量。造价人员在表单属性中设定计算公式可提取所需工程量信息。例如，利用 BIM 模型计算某一建筑物中条形基础的挖基槽土方量，已知挖土深度为 1.15m。按照国内工程量规范中的计算方法，在 BIM 模型的表单属性中设置项目参数和计算公式，使用表单直接统计出建筑物挖基槽土方总量。

2. 基础算量

BIM 自带表单功能可以自动统计出基础的工程量，也可以通过属性窗口获取任意位置的基础工程量。大多类型的基础都可按特定的基础族模版建模，若某些特殊基础没有特定的建模方式，可利用软件的基本工具（如梁、板、柱）变通建模，但需改变这些构件的类型属性，以便与其源建筑类型的元素相区分，利于工程量的数据统计。

3. 混凝土构件算量

BIM 软件能够精确计算混凝土梁、板、柱和墙的工程量且与国内工程计量规范基本一致。对单个混凝土构件，BIM 能直接根据表单得出相应工程量。但对混凝土板和墙进行算量时，其预留孔洞所占体积均被扣除。使用 BIM 软件内修改工具中的连接命令，根据构件类型修正构件位置并通过连接优先序扣减实体交接处重复工程量，优先保留主构件的工程量，将次构件的统计参数修正为扣减后的精确数据，避免了构件工程量统计的虚增或减少。图 5-25 为一梁、板和柱交接处的节点图。

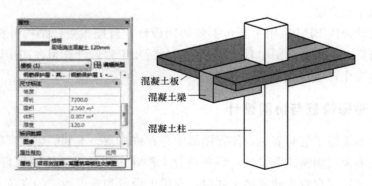

图 5-25　梁、板和柱节点图

4. 墙体算量

通过设置，BIM 可以精确计算墙体面积和体积。墙体有多种建模方式。一种是在已知结构构件位置和尺寸的情况下，以墙体实际设计尺寸进行建模，将墙体与结构构件边界线对齐，但这种方式是有悖常规建筑设计顺序，并且建模效率很低，出现误差的概率较大。另一种方式是直接将墙体设置到楼层建筑或结构标高处，如同结构构件"嵌入"到墙体内，这样可大幅度提升建模速度。

5. 门窗工程算量

从 BIM 模型中可以提取门窗工程量和其他门窗构件的附带信息，包括各种型号的门窗数量、尺寸规格、板框材面积、门窗所在墙体的厚度、楼层位置以及其他造价管理和估价所需信息（如供应商等）。此外还可以自动统计出门窗五金配件的数量等详细信息。

6. 装饰工程算量

BIM 模型也能自动计算出装饰部分的工程量。BIM 有多种饰面构造和材料设置方法，可通过涂刷方式，或在楼板和墙体等系统族的核心层上直接添加饰面构造层，还可以单独建立饰面构造层。

5.3　施工图设计阶段

施工图设计是建筑项目设计的重要阶段，是项目设计和施工的桥梁。本阶段主要通过施工图纸，表达建筑项目的设计意图和设计结果，并作为项目现场施工制作的依据。

施工图设计阶段的 BIM 应用是各专业模型构建并进行优化设计的复杂过程。各专业信息模型包括建筑、结构、给水排水、暖通、电气等专业。在此基础上，根据专业设计，施工等知识框架体系，进行冲突检测、三维管线综合等基本应用，完成对施工图设计的多次优化。针对某些会影响净高要求的重点部位，进行具体分析，优化机电系统空间走向排布和净空高度。

施工图设计阶段 BIM 应用主要包括各协同设计、碰撞检查、结构分析、工程量计算、施工图出具、三维渲染图出具。其中结构分析和工程量计算是在初步设计的基础上进行进一步的深化，故在此节不再重复。

5.3.1　碰撞检查与协同设计

二维图纸不能用于空间表达，使得图纸中存在许多意想不到的碰撞盲区。并且，目前的设计方式多为"隔断式"设计，各专业分工作业，依赖人工协调项目内容和分段，这也导致设计往往存在专业间碰撞。同时，在机电设备和管道线路的安装方面还存在软碰撞的问题（即实际设备、管线间不存在实际的碰撞，但在安装方面会造成安装人员，机具不能到达安装位置的问题）。

基于 BIM 技术可将两个不同专业的模型集成为两个模型，通过软件提供的空间冲突检查功能查找两个专业构件之间的空间冲突可疑点，软件可以在发现可疑点时向操作者报警，经人工确认该冲突。冲突检查一般从初步设计后期开始运行，随着设计的发展，反复进行"冲突检查-确认修改-更新模型"的 BIM 设计过程，直到所有冲突都被检查出来并修正，最后一次检查所发现的冲突数为零，则标志着设计已达到 100% 的协调。一般情况下，由于不同专业是分别设计、分别建模的，所以，任何两个专业之间都可能产生冲突，因此，冲突检查的工作将覆盖任何两个专业的冲突关系，如：（1）建筑与结构专业，标高、剪力墙、柱等位置不一样，或梁与门冲突；（2）结构与设备专业，设备管道与梁柱冲突；（3）设备内部各专业，各专业与管线冲突；（4）设备与室内装修，管线末端与室内吊顶冲突。冲突检查过程是需要计划与组织管理的过程，冲突检查人员也被称作"BIM 协调工程师"，他们将负责对检查结果进行记录、提交、跟踪提醒与覆盖确认。某工程碰撞检查如图 5-26 所示。

	碰撞9	新建	-0.849	W-7 : F1	硬碰撞	2017/9/5 06:52	x:49.629、y:19.950、z:2.851	元素 ID: 201108 Level 1	混凝土	实体	元素 ID: 811097 F1	中心线	线
	碰撞10	新建	-0.849	W-7 : F1	硬碰撞	2017/9/5 06:52	x:49.629、y:19.950、z:2.851	元素 ID: 201108 Level 1	混凝土	实体	元素 ID: 811096 F1	管道类型	线
	碰撞11	新建	-0.800	V-10 : F1	硬碰撞	2017/9/5 06:52	x:75.847、y:16.651、z:2.900	元素 ID: 201136 Level 1	混凝土	实体	元素 ID: 776718 F1	管道类型	线
	碰撞12	新建	-0.800	V-10 : F1	硬碰撞	2017/9/5 06:52	x:75.847、y:16.651、z:2.900	元素 ID: 201136 Level 1	混凝土	实体	元素 ID: 776719 F1	中心线	线
	碰撞13	新建	-0.789	W-7 : F1	硬碰撞	2017/9/5 06:52	x:49.329、y:19.950、z:2.750	元素 ID: 201108 Level 1	混凝土	实体	元素 ID: 811373 F1	中心线	线
	碰撞14	新建	-0.789	W-7 : F1	硬碰撞	2017/9/5 06:52	x:49.329、y:19.950、z:2.750	元素 ID: 201108 Level 1	混凝土	实体	元素 ID: 811372 F1	管道类型	线

图 5-26 某工程碰撞检查图

传统意义上的协同设计很大程度上是指基于网络的一种设计沟通交流手段，以及设计流程的组织管理形式。包括：通过 CAD 文件、视频会议、通过建立网络资源库、借助网络管理软件等。

基于 BIM 技术的协同设计是指统一的设计标准，包括图层、颜色、线型、打印样式等，在此基础上，所有设计专业及人员在一个统一的平台上进行设计，从而减少现行各专业之间（以及专业内部）由于沟通不畅或沟通不及时导致的错、漏、碰、缺，真正实现所有图纸信息元的单一性，实现一处修改其他自动修改，提升设计效率和设计质量。协同设计工作是以一种协作的方式，使成本可以降低，可以在更快地完成设计的同时也对设计项目的规范化管理起到重要作用。

协同设计有流程、协作和管理三类模块构成。设计、校审和管理等不同角色人员利用该平台中的相关功能实现各自工作。

5.3.2 图纸编制

可通过两种方式进行图纸编制和准备：一是完全在 BIM 环境内对视图和图纸进行整理汇编（优先选择）。二是将视图输出到 CAD 环境中，使用二维制图工具进行编制和图形加工，如图 5-27 所示。

导出到 CAD 中"完成的"设计会抹杀 BIM 数据的协调优势，应尽量避免这种做法。BIM 协调人应根据团队组成人员的 BIM 设计流程熟练程度、二维绘制图量以及是否有较多修改等因素确定是否采用纯 BIM 方式。无论采用哪种方式，在使用二维加工之前，均应对三维模型进行最大程度的变化。如果项目中有链接 CAD 或 BIM 数据，设计团队应确保在输出工程图纸时获得最新的、经过审核的设计模型。

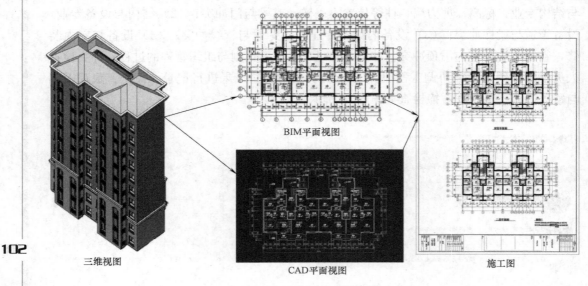

三维视图　　　　　BIM平面视图　　　　　施工图

CAD平面视图

图 5-27　出图流程示意图

1. 直接从 BIM 生成图纸

要在 BIM 环境内生成工程图，首先要对视图进行尺寸标注、二维注释内容补充；其次应整理图面符合公司出图规范要求；最后进行布图后直接从 BIM 环境下打印图纸。

注意：从 BIM 出图前应小心检查，以确保所有链接数据均有效、可见；确保剖切深度符号要求。

2. 从视图/输出文件编制图纸

从 BIM 环境中导出视图到 CAD 中进行成图，或用作其他 CAD 图形的底图，应把视图放置在素线框中，并清晰标明以下内容：（1）此数据仅作参考之用。（2）图纸数据的来源。（3）制作或发布此图的日期。

只要是从 BIM 导出，用于在 CAD 中进行二维详图绘制的输出图纸，设计者均应确保 BIM 中变更被悉数反映和更新至 CAD 文件，以输出最终的工程图。如果要从 Revit 输出数据到"真实世界"坐标系，那么必须从工作视图（如楼层平面图）进行输出操作，而不是从已经做好的图纸空间输出。

3. 目录与文件命名

文件以"区域＋专业"的命名方法存放在该项目相应目录位置。例如：C 栋塔楼-建筑，C 栋塔楼-结构，C 栋塔楼-机电，约定的命名方法便于各专业找到需要链接的模型文件。工作集名不能使用用户名区分，适合以区域或者工作内容性质命名，如"1F""2F""外部""内部"和"户型详图"。

5.3.3　三维渲染

三维渲染图同施工图纸一样，都是建筑方案设计阶段重要的展示成果，既可以向业主展示建筑设计的仿真效果，也可以供团队交流、讨论使用，同时三维渲染图也是现阶段建筑方案设计阶段需要交付的重要成果之一。Revit2018 软件自带的渲染功能，可以生成建筑模型各角度的渲染图，同时 Revit2018 软件具有 3DS Max 软件的接口，支持三维模型导出。Revit2018 软件的渲染步骤与目前建筑师常用的渲染软件大致相同，分别为：创建三维视图、配景设置、设置材质的渲染外观、设置照明条件、渲染参数设置、渲染并保存图形。

某复杂节点的三维可视化效果如图 5-28 所示。

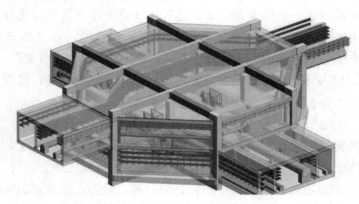

图 5-28   某节点三维可视化效果图

5.4   绿色建筑设计

绿色建筑是指在建筑的全寿命周期内，最大限度地节约资源，节能、节地、节水、节材、保护环境和减少污染，提供健康适用、高效使用，与自然和谐共生的建筑。各国也竞相推出"绿色建筑"来保护地球。绿色建筑应该涵盖宜居、节能、环保和可持续发展这四大功能。宜居应该考虑满足人，人心、人性、人欲的各种需求，只有满足了这些需求才算是适合人居住的环境。节能应该考虑能耗和能效，用最低的能耗产生最高的能效，满足提高能源的使用效率条件要求。也就是说我们的一度电能在采取节能措施后充分发挥的效率最大化。追求能效，就是这个意思。环保应该考虑充分利用清洁能源来降低化石能源的消耗，化石能源消耗越低，对环境破坏就越小，对环境的保护就会越好。可持续应该考虑我们选用的所有材料是否可以二次、三次再回收利用，充分发挥其能源本身的作用和价值，这也是满足节约的要求。满足子孙后代有充分的能源储备和良好生存环境的需求。以人、建筑和自然环境的协调发展为目标，在利用天然条件和人工手段创造良好、健康的居住环境的同时，尽可能地控制和减少对自然环境的使用和破坏，充分体现向大自然的索取和回报之间的平衡。

在绿色建筑不断发展的过程中，我们越来越多地要运用到信息技术。建筑信息模型

（BIM）技术，就是绿色建筑在技术上的变革与创新。在 21 世纪第一个 10 年的发展以后，BIM 对于工程建设行业的从业者们来说早已不再是一个陌生的名词了。如何把 BIM 技术在建设项目的设计、施工、运营整个生命周期中较好地使用起来，提升项目质量、缩短项目实施周期和控制项目造价的课题，摆到了越来越多的从业者面前。

绿色建筑需要借助 BIM 技术来有效实现，采用 BIM 技术可以更好地实现绿色设计，BIM 技术为绿色建筑快速发展提供有效保障。在未来，如果利用 BIM 理念，使用 BIM 云技术、互联网等先进技术和方法，建筑从开始设计时就可以更加绿色。在设计阶段，进行土地规划设计时应用 BIM 技术，可以从设计源头就开始有效地进行"节地"，应用 BIM 协同管理，BIM 云技术等可以实现办公场所的"节地"；进行给水排水设计时，应用 BIM 技术合理排布给水排水管道、采用节水设备等，可以从设计源头就开始有效地进行"节水"；进行暖通空调和电气设计时，应用 BIM 技术合理排布暖通空调、电气管道、采用节能设备等，可以从设计源头就开始有效地进行"节能"，应用 BIM 进行合理的建筑平面布置对比和窗墙比分析有利于"节能"，通过 BIM 技术提高设计效率，减少计算机、电气设备等运行率，一定程度上可以为办公环境"节能"；通过应用 BIM 技术，可以有效减少设计中的错、漏、碰、缺等，避免施工阶段的发生不必要的变更，从而节省材料，保护环境。

5.4.1 《绿色建筑评价标准》与 BIM 实施途径

本节主要分析哪些内容是可以通过增加 BIM 核心模型中各构件的信息属性值，通过统计功能，分析是否满足《绿色建筑评价标准》相应条文要求。通过增加各构件的相应属性，实时显示调整结果，辅助绿色建筑设计。通过梳理，在绿色建筑评价中，有 22 条可以采用 BIM 方式实现，如图 5-29 所示。

序号	条文编号	条文内容	实现途径
1	4.1.4	建筑规划布局应满足日照标准，且不得降低周边建筑的日照标准	基于BIM的日照模型分析
2	4.2.1	节约集约利用土地	基于BIM模型分析土地利用率
3	4.2.3	合理开发利用地下空间	基于BIM计算分析地下空间利用率
4	4.2.4	建筑及照明设计避免产生光污染	基于BIM的幕墙设计
5	4.2.6	场地内风环境有利于室外行走、活动舒适和建筑的自然通风	基于BIM的CFD分析
6	4.2.8	场地与公共交通设施具有便捷的联系	基于BIM的场地分析
7	4.2.10	合理设置停车场所	基于BIM的车位布置分析
8	4.2.11	提供便利的公共服务	基于BIM的公共空间的分析
9	4.2.12	结合现状地形地貌进行场地设计与建筑布局	基于BIM的场地设计
10	4.2.13	充分利用场地空间合理设置绿色雨水基础设施	基于BIM的空间分析
11	4.2.14	合理规划地表与屋面雨水径流，对场地雨水实施外排总量控制	基于BIM的雨水模拟分析
12	5.2.1	结合场地自然条件，对建筑的体形、朝向、楼距、窗墙比等进行优化设计	基于BIM的模拟分析
13	5.2.2	外窗、玻璃幕墙的可开启部分能使建筑获得良好的通风	基于BIM的通风模拟
14	6.1.2	给排水系统设置应合理、完善、安全	基于BIM的水系统模拟
15	6.2.12	结合雨水利用设施进行景观水体设计	基于BIM的景观模拟
16	7.2.2	对地基基础、结构体系、结构构件进行优化设计	基于BIM的结构分析
17	7.2.3	土建工程与装修工程一体化设计	基于BIM的一体化设计
18	7.2.5	采用工业化生产的预制构件	基于BIM的预制装配式设计
19	8.2.5	建筑主要功能房间具有良好的户外视野	基于BIM的建筑功能视野分析
20	8.2.6	主要功能房间的采光系数满足现行国家标准	基于BIM的采光分析
21	8.2.10	优化建筑空间、平面布局和构造设计，改善自然通风效果	基于BIM的CFD分析
22	8.2.5	应用建筑信息模型（BIM）技术	基于BIM的应用

图 5-29　绿色建筑评价标准

5.4.2　基于 BIM 的环境性能模拟

1. CFD 软件

（1）绿色建筑设计对 CFD 软件的要求

节能减排是我国一项基本国策，建筑用能在能耗中占有重要地位，绿色建筑涉及的技术范围更广，要求更高，所以，从中央政府到地方各级政府都在积极推广绿色建筑。全面推进建筑节能与推广绿色建筑已成为国家发展战略，一系列国家层面的重大决策和行动正在快速展开。住房和城乡建设部为贯彻执行节约资源和保护环境的国家技术经济政策，推进可持续发展，规范绿色建筑的评价，制定了《绿色建筑评价标准》。绿色建筑设计对 CFD 软件分析提出了一定要求，如图 5-30 所示。

CFD 软件应用与 BIM 前期，可以有效地优化建筑布局，对建筑运行能耗的降低、室内通风状况的改善均有较大帮助。

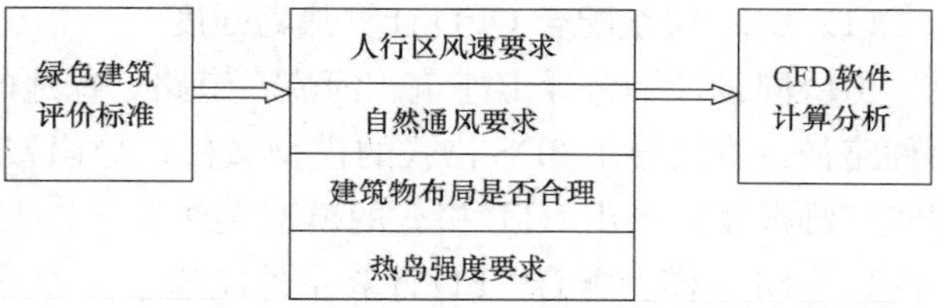

图 5-30　绿色建筑设计要求

（2）常用 CFD 软件的评估

Fluent 软件是目前市场上最流行的 CFD 软件，它在美国的市场占有率达到 60％。在进行网上调查中发现，Fluent 在中国也是得到最广泛使用的 CFD 软件。其前处理软件主要有 Gambit 与 ICEM 直接几何接口，包括 Catia、CADDS5、ICEM Surf/DDN、I-DEAS、Solid Works、Solid Edge、Pro-Engineer and Unigraphics。较为简单的建筑模型可以直接导入，当建筑模型较为复杂时，则需遵循从点-线-面的顺序建立建筑模型。

使用商用 CFD 软件的工作中，大约有 80％的时间是花费在网格划分上的，可以说网格划分能力的高低是决定工作效率的主要因素之一。Fluent 软件采用非结构网格与适应性网格相结合的方式进行网格划分。与结构化网格和分块结构网格相比，非结构网格划分便于处理复杂外形的网格划分，而适应性网格则便于计算流场参数变化剧烈、梯度很大的流动，同时这种划分方式也便于网格的细化或粗化，使得网格划分更加灵活、简便。Fluent 划分网格的途径有两种：一种是用 Fluent 提供的专用网格软件 Gambit 进行网格划分，另一种则是由其他的 CAD 软件完成造型工作，在导入 Gambit 中生成网格。还可以用其他软件包括 I-DEAS、Solid Works、Solid Edge、Pro/E 等。除了 Gam-bit 外，可以生成 Fluent 网格的网格软件还有 ICEMCFD、Gridgen 等。Fluent 可以划分二维的三角形和四边形网格，三维的四面体网格、六面体网格、金字塔网格、楔形网格，以及由上述类型构成的混合型网格。

（3）BIM 模型与 CFD 软件的对接

从绿色建筑设计要求来看，热岛计算要求建立整个建筑小区的道路、建筑外轮廓、水体、绿地等模型；室内自然通风计算及室外风场计算需建立建筑的外轮廓及室内布局，从 BIM 应用系统中直接导出软件可接受格式的模型文件是比较好的选择。

综合各类软件，选用 Phoenics 作为与 BIM 应用配合完成绿色建筑设计的 CFD 软件，可以直接导入建筑模型，大大减少建筑模型建立的工作量，故建议用 Phoenics 与 BIM 进行配合设计。

BIM 设计与 Phoenics 的配合流程如图 5-31 所示。

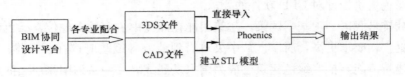

图 5-31　BIM 设计与 Phoenics 的配合流程

2. BIM 模型与 CFD 计算分析的配合

（1）BIM 模型配合 CFD 计算热岛强度

由协同设计平台导出建筑、河流、道路、绿地的模型文件，模型文件的导出可采取两种路径：直接导出 3DS 格式的模型文件；导出 CAD 格式的文件，再在 CAD 文件中建立三维模型，导出 STL 格式的模型文件。

（2）BIM 模型配合 CFD 计算室外风速

由协同设计平台导出建筑外表面的模型文件，模型文件的导出可采取两种路径；直接导出 3DS 格式的模型文件；导出 CAD 格式的文件，再在 CAD 文件中建立三维模型，导出 STL 格式的模型文件。

由 BIM 应用系统导出模型时，可只包含建筑外表面及周围地形信息，且导出的建筑模型应封闭好，以免 CFD 软件导入模型时发生错误。

（3）BIM 模型配合 CFD 计算室内通风

可分为两种方法计算：一是导出整栋建筑外墙及内墙信息，整栋建筑同时参与室内及室外的风场计算；二是按照室外风速场计算的例子，计算出建筑表面风压，单独进行某层楼的室内通风计算。

5.5　小　　结

项目的设计对于任何一个工程来说都是非常重要的，其好坏将直接影响到项目的最终结果。在现阶段的项目设计中，如何进行有效的信息交流和协同设计是每一个设计师需要面临和解决的问题。BIM 的出现，在某种意义上决定了未来项目设计的方向和模式。同时我们可以预见，随着项目管理模式的变化和信息化技术的发展，基于 BIM 的项目设计将给土木行业带来巨大的变革。

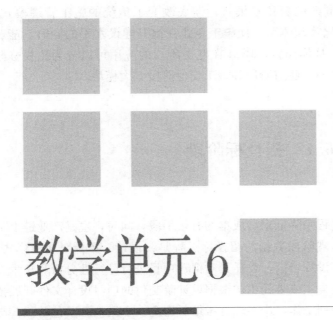

教学单元6

BIM 在施工阶段的应用

【教学目标】 通过本单元的学习，使学生对 BIM 在施工阶段的应用点有基本的概念认识；熟悉 BIM 在招投标阶段、深化设计阶段、建造准备阶段、建造阶段和竣工交付阶段的应用价值，初步具备根据施工过程中各阶段的不同需求，选择 BIM 技术应用点的能力。

工程建设的施工阶段，是让设计师对建筑物的物理描述变为现实的关键环节之一。BIM 作为贯穿工程建设全生命周期的新技术模式，彻底改变了传统的施工管理模式。以 BIM 技术应用为载体的信息化管理体系，使施工企业在提升建设水平的同时，能够保证施工质量、提高经济效益。具体而言，BIM 在施工阶段的应用可以分为招投标阶段、深化设计阶段、建造准备阶段、建造阶段和竣工交付阶段 5 大模块。

6.1 招投标阶段

招投标是建筑物开发建造过程中降低采购成本的有效手段，同时，也是产业链上下游相关参与方的合作体现。我国现阶段采用的招投标过程是：设计—招标—建造模式。建设单位选择设计院并与之签订设计合同，委托其对拟建项目进行可行性分析和技术设计要求，初步定稿后，建设单位自主或委托机构根据设计院交付的项目设计文件开展招标工作，通过评标、中标等一系列工作，最终综合考量后选定一个施工总承包单位，与之签订施工合同。然而，传统招投标过程中存在着很多问题。

6.1.1 传统招投标过程中存在的关键问题

1. 对于招标方

（1）招投标中普遍存在的设计更改不能及时反馈给投标方等信息孤岛现象，使得招标方的需求和目标难以公平有效地传递给投标单位。

传统招投标模式下，各参与方之间没有交集，导致信息出现孤岛现象，不能及时沟通、反馈，设计出图后才能投入建造，周期较长，各方协作困难。

（2）难以精确计算招标工程量。

招标方时间紧、任务重，有时候为了缩短工期，甚至边勘测边设计边施工，造价人员很难完整地编制招标清单，尤其是项目特征的完善性较差。而合同采用工程量清单模式计价，清单越粗糙结算的费用超得越厉害，这主要是因为过程中产生的设计变更、签证累积造成的结果。项目特征的不完善会导致组价的不合理性，图纸的不完善会导致工程量计算的不准确性，与工程实际出入较大，不利于投资成本控制。

（3）由于招投标管理制度不完善，招标方存在规避招标、虚假招标等不合理招标。

规避招标指招标单位为了减少成本、维护自身利益，将本应公开招标的工程项目进行邀请招标，在邀请投标的施工队伍中进行直接发包。

虚假招标指暗箱操作，在开标前早已内定好承包单位，在招标过程中让其他施工队伍进行围标和陪标。

这种行为不但违背了公平、公正原则，还给建筑工程项目的质量带来了隐患。低价中标的施工企业往往会通过偷工减料等手段来降低成本，获取利润。

2. 对于投标方

（1）难以精确计算工程量。

在甲方公布招标公告之后，乙方投标时间一般为半个月左右，时间紧任务重，投标方需要花费很多精力在报价技巧上。手工算量很容易漏算，尤其是对结构复杂的项目更是不可能完成的工程量，以往都是参照类似项目报价，根本不可能对招标工程量进行详细复核，只能按照招标工程量进行组价。现在市场采用的工程量清单计价模式，如果没把握住工程量，报价过高或过低，结算的时候价格不能变，工程量可能与招标文件出入大，企业的利润空间可能缩小，失去了原本投标的意义。

（2）在现有招投标环境中，投标方在施工组织设计中可以发挥的空间有限，难以有效展示公司的施工水平以及对于投标项目的目标、准备与过程。

（3）在利益驱动下，少数投标方存在串标现象。

串标，是指投标方之间在投标前相互串通，用以抬高报价或者是压低报价来达到中标，同时排挤其他投标人的目的。

BIM 技术的应用可以有效解决上述问题。

6.1.2　BIM 在招标中的价值体现

（1）招标方采用电子招投标方式，对招投标过程实施电子化管理。

招标方向投标方提供设计图纸的 BIM 模型、工程量清单、招标文件（包含对施工过程的 BIM 应用要求和投标文件的 BIM 应用要求）。在工程量计算时，招投标双方共用一个建筑信息模型，后期的变更在模型中直接修改，尽可能地打通信息孤岛。

（2）准确全面得出工程量清单，快速完成招标控制价。

在招投标阶段，招标方根据设计院出图的图纸信息翻样成 BIM 三维模型，根据模型更好地编制准确的工程量清单，使清单更完整，提升算量速度，提高工程量的精确度，尽可能避免漏项和错算等常见现象，极大程度上降低施工过程中产生的变更、签证及工程量问题引起的纠纷。

招标阶段的核心工作是得出准确和全面的工程量清单项。在这个阶段最烦琐的工作是工程量的计算，耗时又费力。而 BIM 技术的出现使这个难题迎刃而解，BIM 是一个资源共享平台，BIM 模型集合了各个方面的信息数据，是一个庞大的信息数据库，可以直观地展示项目的物理和空间信息。有数据库做支撑，计算机可以快速对各种构建进行统计分析，大大减少主观臆断与偏差引起的工程量计算错误，很大程度上提高了造价人员的工作效率和工程量的准确度。

（3）招标信息的公开透明，有效防止虚假招标等不合理现象。

6.1.3　BIM 在投标中的价值体现

投标是施工单位承揽工程必经的一个环节，对施工单位而言，如何展示自己的技术实力与水平是非常重要的。投标阶段的核心工作是得出准确的工程量和最大利益化的投标策略。

（1）根据 BIM 模型快速获取准确的工程量信息，完成投标报价。

（2）通过 BIM 技术可以制作 4D、5D 施工投标模型，将建设单位最为关心的成本、工期等信息融合在 BIM 模型里，直观地向建设单位进行施工过程模拟演示。也容易做出更详细、更能吸引专家眼球的技术方案，施工组织设计等成果文件，用数据做支撑，提高中标概率。

1）4D 施工进度模拟

将 BIM 与施工进度计划相链接，将空间信息与时间信息整合在一个可视的 4D（3D＋Time）模型中，使用 Navisworks 软件，可以模拟施工过程和虚拟形象进度。通过模拟，可以让招标方直观地了解投标单位对投标项目主要施工的控制方法、施工安排是否均衡、总体计划是否基本合理等，从而对投标单位的施工经验和实力作出有效评估，如图 6-1 所示。

图 6-1　4D 施工方案模拟

2）5D 模拟

在 BIM4D 模型中加入成本费用，可形成 BIM5D（4D＋cost）模型。选定 BIM 5D 模型中任意的施工时间段，模型可依据施工进度展现出当前的施工状态，并快速汇总人工、材料、机械的使用量，以及在这段时间段内发生的费用，还可分析任何时间段的成本和进度偏差情况。通过对 BIM 模型的流水段划分，可以按照流水段自动关联快速计算出人工、材料、机械设备和资金等的资源需用量计划。这将有利于投标方的资源优化，以及预计产值，编制资金计划，如图 6-2 所示。

这种方式，不但有助于投标单位制订合理的施工方案，还能形象地展示给招标方。

3）施工方案模拟

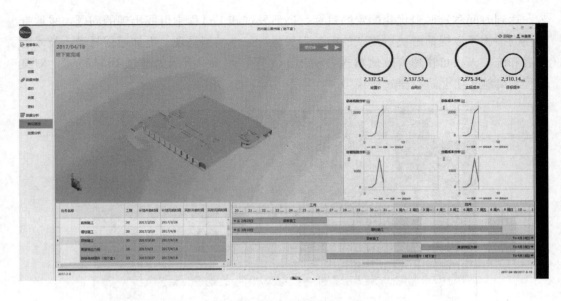

图 6-2　5D 施工模拟

　　借助 BIM 手段可以直观地进行项目虚拟场景漫游，对施工组织设计方案进行论证，就施工中的重要环节进行可视化模拟分析，按时间进度进行施工安装方案的模拟和优化，对一些重要的施工环节或采用新施工工艺的关键部位、施工现场平面布置等进行模拟和分析，以提高计划的可行性，如图 6-3 所示。

图 6-3　模拟施工现场平面布置

　4）施工工序与工艺模拟

　BIM 技术还可以对施工工序与工艺进行全过程可视化模拟，以确定最优工序和工艺，达到时间和资源最优化配置的目标，提前发现施工过程中可能出现的问题，采取针对性的措施予以提前解决。复杂的施工工艺通过三维模型呈现，更加通俗易懂，技术管理者和施工人员可快速有效地掌握各项施工工序。图 6-4 所示为通过 BIM 技术，对某工程管廊施工工艺进行全过程模拟。

图 6-4　管廊施工工艺全过程模拟

（3）投标信息的公开透明，有效防止串标等不合理现象。

BIM 技术建立了三维模型，直观地演示拟建项目的技术方案，弥补了传统模式下招投标阶段难以快速准确地算量和信息孤立的难题，极大地提高了各参与方之间的信息交流与工作协同，使工作效率、工程量准确度大幅提升，促进招标投标市场的规范化、市场化、标准化的发展。

6.2　深化设计阶段

深化设计指承包单位在业主或设计师提供的施工图或合同图的基础上，结合施工现场实际情况，对图纸进行细化、补充和完善，形成各专业的施工图纸，同时对各专业施工图进行集成、协调、修订和校核，以满足现场施工及管理需要的过程。

深化设计是基于对施工图和施工现场状况的综合分析而进行的，必须在施工图设计的基础上进行。深化设计在工程施工中具有重要的作用，科学、准确、合理的深化设计图纸可以显著提高工程的施工进度和质量，也可以提前发现一些错误，避免返工、窝工等情况的发生，同时对建筑运营过程中各个系统的检测、维护也将产生很大影响。

6.2.1　深化设计的类型

基于 BIM 的深化设计可以分为两类：

（1）专业性深化设计。一般包括：土建结构深化设计、钢结构深化设计、幕墙深化设计、电梯深化设计、机电各专业深化设计（暖通空调、给水排水、消防、强电、弱电等）、冰蓄冷系统深化设计、机械停车库深化设计、精装修深化设计、景观绿化深化设计等。

（2）综合性深化设计。指对各专业深化设计初步成果进行集成、协调、修订与校核，并形成综合平面图、综合管线图。

6.2.2　深化设计流程

深化设计涉及建设单位、设计单位、顾问单位及承包单位等诸多项目参与方，总承包单位应组织所有相关的参与单位共同编制深化设计实施方案与细则，并会签上报，经三方批准后执行，用于指导和规范深化设计管理工作。基于 BIM 的深化设计流程不能够完全脱离现有的管理流程，但是必须符合 BIM 技术的特征。与传统的深化设计流程相比较，BIM 在此过程中起到了三维可视化沟通、各专业数据集中和多方协调的作用。基于 BIM 的深化设计管理流程如图 6-5 所示，BIM 深化设计工作流程如图 6-6 所示。

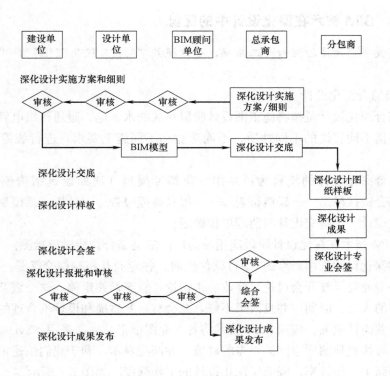

图 6-5　深化设计管理流程

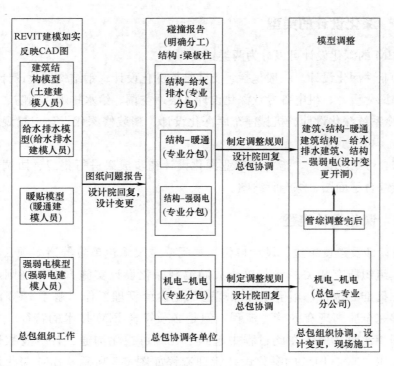

图 6-6　深化设计流程

6.2.3　BIM 技术在深化设计中的优势

◆拓展数字资源请扫描封面二维码，查看视频"6.2.3 优化深化"和"管线综合深化设计"。

1. 管线综合深化设计

管线综合深化设计是指将施工图设计阶段完成的水、电、暖通等机电管线进一步综合排布。根据不同管线的不同性质、不同功能和不同施工要求，进行统筹的管线布置排布。

管线综合深化设计的流程为：制作专业精准模型（比如建筑结构模型、设备模型）——综合链接模型——碰撞检查——出具碰撞报告——分析三维模型视图——碰撞点的优化设计——提交设计与监理单位确定。

目前 BIM 技术在深化设计阶段应用较为广泛的是综合管线碰撞检测。

传统的深化设计采用二维的 CAD 软件绘制，各专业互相碰撞交叉是一个无法避免的问题。各专业需反复开会讨论、修改、再讨论，直至最终定稿，这一繁杂的过程意味着浪费更多的人力、时间，并且效果不好，总会有一些碰撞和设计不合理的地方因图纸的可视能力差而被遗漏。应用 BIM 技术将各专业图纸汇总后，采用 Navisworks 的碰撞检测功能，可快速检测到空间某一点的碰撞，并高亮显示，利于我们快速定位和协调管路，大大提高了工作效率，降低了深化设计的工作强度。如图 6-7 所示。

BIM 技术建立的模型能够直观反映碰撞位置，因为模型是三维可视化的，所以在

图 6-7 碰撞检测中喷淋水管与梁碰撞示意

碰撞发生处可以实时变换角度进行全方位、多角度的观察，便于讨论并进行修改，BIM
使各专业在统一的建筑模型平台上进行修改，各专业的调整可以实时显现并反馈。避免
了传统深化设计由于缺乏各专业间的协调沟通和同步调整而产生的新的碰撞位置，导致
再讨论再修改。

另外，实际施工中，我们发现出现较多的施工图纸中绘制的预留洞、预埋件在使用
过程中出现偏差、遗漏，管线碰撞，综合标高过低而未达到建筑空间使用要求等情况。
BIM 技术模型可以通过简单设置，快速准确地统计出需要的信息，提前发现预留洞、
预埋件和管线标高位置不一致的地方，也能和施工中的情况相对比，避免遗漏。并且
BIM 技术在管线综合方面也能发现一些很难被发现的问题，例如管线的最低标高不符
合净空高度要求的情况，阀门、仪表朝向不方便检修人员观察等情况，而传统的方法只
能依靠想象去逐个计算（图 6-8、图 6-9）。

图 6-8 优化前空调水管净高 2600

图 6-9 优化后空调水管净高 3300

2. 节点设计
节点设计是设计过程的重点和难点。利用 BIM 技术对复杂节点进行深化设计，使

复杂节点以三维的形式展现出来，用于指导现场施工。

例如，某工程大截面转换劲性钢梁、钢板墙等钢筋排布密集、细部烦琐的部位，通过 Revit 软件将二维平面图形（图 6-10）转换成三维可视化模型（图 6-11），利用间隙碰撞对钢筋排布进行优化，方便现场施工。

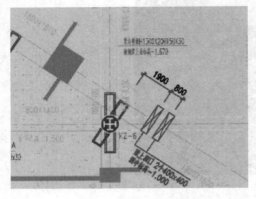

图 6-10　二维图纸

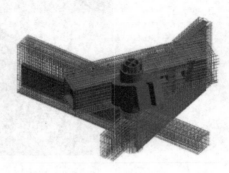

图 6-11　三维 BIM 模型

3. 设计优化后的工程量统计

利用 BIM 技术可以真实、快捷地得到设计优化前与优化后的工程量统计（图 6-12），减少了人工的耗费，提高了工程量信息的准确率，可以较好地指导构件生产等后续工作。

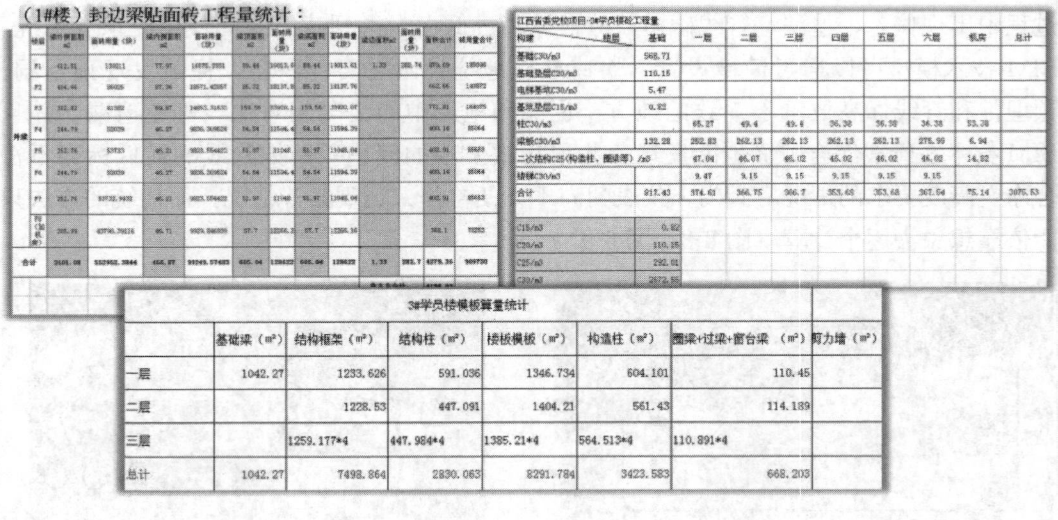

图 6-12　工程量统计

4. 利用模型快速生成二维图

在传统深化设计中，重复的工作量以及耗费的时间相当大。BIM 技术下的任何修改，能最大程度地发挥 BIM 所具备的参数化联动的特点，意味着没有改图或重新绘图的工作步骤，更改完成后的模型可以根据需要来生成平面图、剖面图和立面图（图

6-13、图 6-14）。

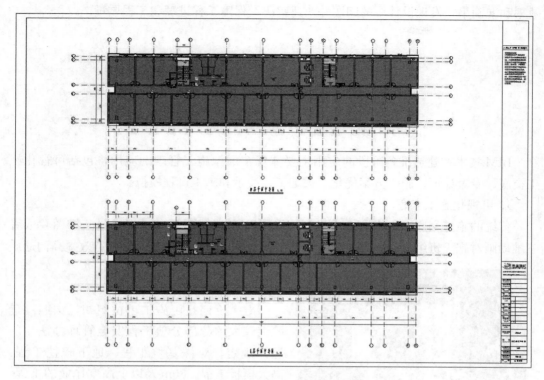

图 6-13　用 Revit 软件导出的 CAD 平面图

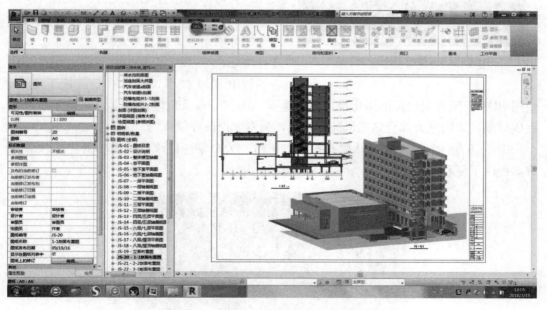

图 6-14　用 Revit 软件导出 CAD 剖面图

　　施工深化设计在工程中是一个多专业协调的阶段，其深化结果的优劣直接决定了施工的进度控制和工程的质量控制，在整个工程的建筑过程中是非常重要的一环。BIM

技术的应用可以在此阶段通过模型的数字化、信息化和可视化等能力，提高深化设计的效率和准确率，发现设计中的问题并快速解决，保障工程进度和工程质量。

6.3　建造准备阶段

BIM 技术在建造准备阶段的应用主要体现在虚拟施工管理的应用，包括可视化施工交底、专家论证、施工方案优化、关键工艺展示和施工过程模拟。

1. 可视化施工交底

传统的施工交底在二维图纸上进行。采用 BIM 技术以后，可以通过三维图片或者三维动画对施工班组进行交底，使复杂的结构清楚、直观地呈现出来，有效提高沟通质量（图 6-15）。

图 6-15　会议室三维施工交底

2. 专家论证

专家论证是由施工单位组织，按照《危险性较大的分部分项工程安全管理办法》的通知规定，对深基坑工程、地下暗挖工程、高大模板工程、30m 及以上高空作业的工程、大江、大河中深水作业的工程、城市房屋拆除爆破和其他土石大爆破工程等危险性较大的分部分项工程，组织专家对专项施工方案进行论证。

利用 BIM 技术，可以在真实施工之前，使用 BIM 模型直观地详细深化模拟展示重点、难点节点及危险性较大方案施工过程及完成效果，识别绝大部分施工风险和问题，为专家论证提供依据。

图 6-16 所示为某工程深基坑开挖施工模拟，为专家论证深基坑土方开挖专项施工方案提供了便利。

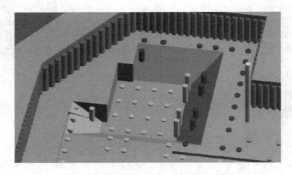

图 6-16　深基坑土方开挖施工模拟

3. 施工方案优化

◆拓展数字资源请扫描封面二维码，查看视频"6.3.1 优化施工方案"。

施工方案指导着施工过程的实施。虚拟施工的过程，是先试后建的过程，针对施工方案的关键点和关键流程，结合相关专业及周边环境进行模拟、比选、分析和优化，提高方案科学性、经济性和可行性。例如某施工现场场地较小，为节约场地、减少道路成本，经 BIM 设计，将 1 车道改为 3 车道。图 6-17 为三车道模拟设计。经 BIM 模拟设计确定可行性，并将数据用于施工指导。

图 6-17　车道方案优化

4. 关键工艺展示

◆拓展数字资源请扫描封面二维码，查看视频"6.3.2 重难点详图模型及危险性较大方案模型展示"。

利用 BIM 技术，可以模拟展示施工方案的施工过程及完成效果，为现场施工工作做良好的示范、引导作用。根据模拟工序，组织施工，可避免返工或修补，提高施工管理人员指导作业的效率，确保工程质量和进度。该技术带来的价值可归纳为"做没有意外的施工"。例如，某工程钢结构吊装现场紧邻高压线，利用 BIM 技术对钢构吊装进行模拟，确保钢构吊装方案的可行性，如图 6-18 所示，图 6-19 为实际吊装现场。

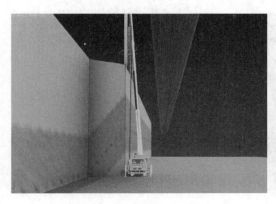

图 6-18　钢结构吊装模拟　　　　　　　　图 6-19　实际吊装现场

5. 施工模拟

◆拓展数字资源请扫描封面二维码，查看视频"6.3.3 4D 施工进度模拟"和"6.3.4 5D 模拟"。

工程项目施工是一系列动态过程及集合，现阶段工程项目施工管理以进度网络图为主，由于其专业性较强、直观性较差，对建设工程施工全过程描述不清晰，无法直接描述关系复杂的施工流程，对建设施工变化项目缺乏机动性。通过 BIM 技术可以实现 4D 和 5D 施工模拟（图 6-20）。4D 模拟（三维＋时间）进度模拟，是将施工场地及设施设备的 3D 模型与施工进度计划相结合，实现施工场地布置可视化和各种施工设施、设备的动态管理。4D 技术的引入可以在项目的建设过程中制定合理的施工计划，精确地掌握施工进度，对使用的施工资源进行优化及对场地进行科学的布置，统一的管理。5D（三维＋时间＋造价）进度模拟，是将建设工程施工进度与空间信息结合，准确反映施工全过程及各时间节点形象进度，让项目管理人员在施工之前预测建筑过程中的每个关键节点的施工现场布置、大型机械及措施布置方案，还可以预测每月每周所需的资金、材料、劳动力情况，提前发现问题并进行优化。

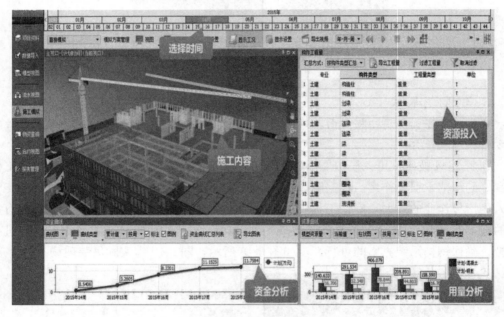

图 6-20　5D 施工模拟

6.4　建造阶段

利用虚拟建造得出的数据排布工程管理计划，现场将进度、质量、安全等内容反馈上报，并返回虚拟建造，得出新的数据，使工程与计划同步。

BIM 技术在建造阶段中的管理应用，主要包括预制加工管理、进度管理、质量管理、安全管理、成本管理、物料管理和工程变更管理。

1. 预制加工管理

BIM 技术在预制加工管理方面的应用主要体现在构件加工详图出图、构件详细信息全过程查询及钢筋准确下料三个方面。

（1）构件加工详图出图

BIM 模型可以完成构件加工、制作图纸的深化设计。利用软件自带功能，将模型中所有加工详图（包括布置图、零件图等）利用三视图正投影原理进行投影、剖切生成深化图纸。图纸上的所有尺寸均由杆件模型直接投影产生。

图 6-21 为某工程室外幕墙节点深化模型，图 6-22 为基于 BIM 模型所出的深化详图。

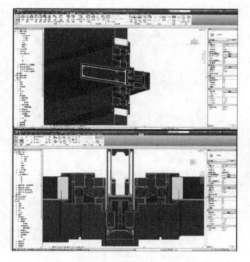

图 6-21　幕墙节点深化模型

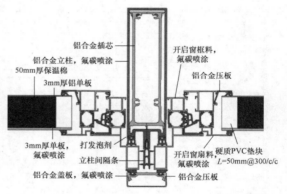

图 6-22　基于 BIM 模型所出详图

（2）构件详细信息全过程查询

BIM 技术的图纸都是数字化的模型，可以对真实事物数字化反映，模型中的构件包含了实际物体的各项必须参数，包括材质、外形尺寸、安装方式。相关单位可以快捷地对任意构件进行信息查询和统计分析。

（3）钢筋准确下料

通过建立钢筋 BIM 模型，可以出具钢筋料单准确下料，避免传统工程管理中，由于工人多，交底困难而导致的质量问题。图 6-23 所示为某工程的钢筋模型，图 6-24 为钢筋料单。

2. 进度管理

基于 BIM 技术的虚拟进度与实际进度比对主要是通过方案进度计划和实际进度的比对，找出差异，分析原因，实现对项目进度的合理控制与优化。

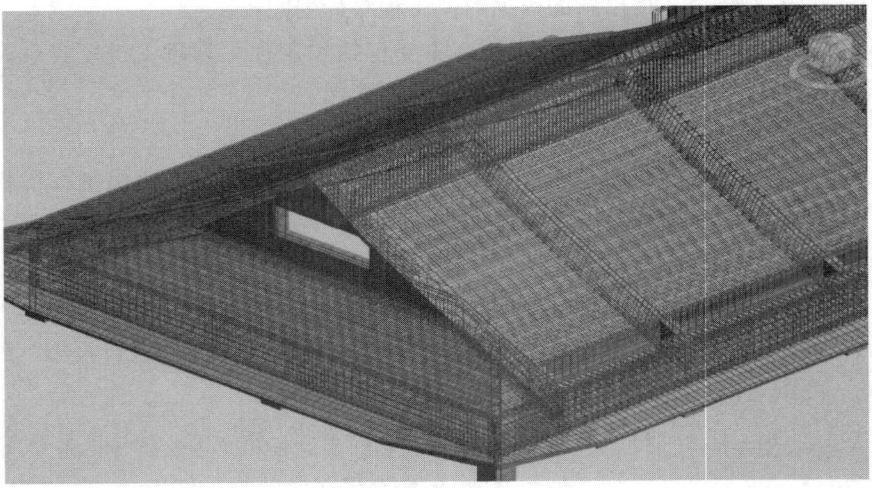

图 6-23　钢筋模型

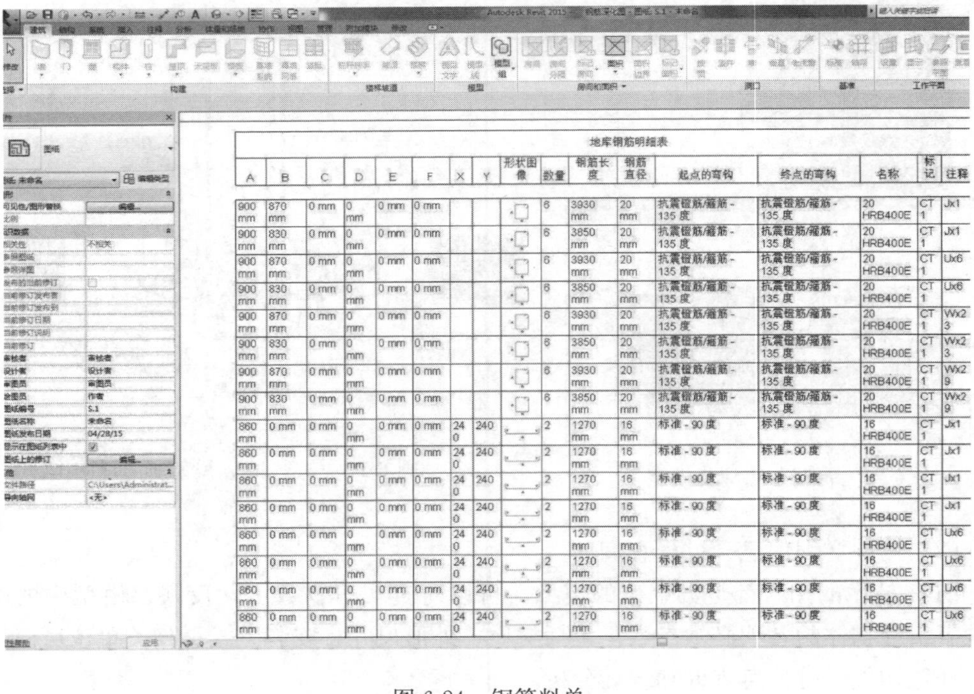

地库钢筋明细表

A	B	C	D	E	F	X	Y	形状图像	数量	钢筋长度	钢筋直径	起点的弯钩	终点的弯钩	名称	标记	注释
900 mm	870 mm	0 mm	0 mm	0 mm	0 mm				6	3930 mm	20 mm	抗震镫筋/箍筋 - 135 度	抗震镫筋/箍筋 - 135 度	20 HRB400E	CT 1	Jx1
900 mm	830 mm	0 mm	0 mm	0 mm	0 mm				6	3850 mm	20 mm	抗震镫筋/箍筋 - 135 度	抗震镫筋/箍筋 - 135 度	20 HRB400E	CT 1	Jx1
900 mm	870 mm	0 mm	0 mm	0 mm	0 mm				6	3930 mm	20 mm	抗震镫筋/箍筋 - 135 度	抗震镫筋/箍筋 - 135 度	20 HRB400E	CT 1	Ux6
900 mm	830 mm	0 mm	0 mm	0 mm	0 mm				6	3850 mm	20 mm	抗震镫筋/箍筋 - 135 度	抗震镫筋/箍筋 - 135 度	20 HRB400E	CT 1	Ux6
900 mm	870 mm	0 mm	0 mm	0 mm	0 mm				6	3930 mm	20 mm	抗震镫筋/箍筋 - 135 度	抗震镫筋/箍筋 - 135 度	20 HRB400E	CT 1	Wx23
900 mm	830 mm	0 mm	0 mm	0 mm	0 mm				6	3850 mm	20 mm	抗震镫筋/箍筋 - 135 度	抗震镫筋/箍筋 - 135 度	20 HRB400E	CT 1	Wx23
900 mm	870 mm	0 mm	0 mm	0 mm	0 mm				6	3930 mm	20 mm	抗震镫筋/箍筋 - 135 度	抗震镫筋/箍筋 - 135 度	20 HRB400E	CT 1	Wx29
900 mm	830 mm	0 mm	0 mm	0 mm	0 mm				6	3850 mm	20 mm	抗震镫筋/箍筋 - 135 度	抗震镫筋/箍筋 - 135 度	20 HRB400E	CT 1	Wx29
860 mm	0 mm	0 mm	0 mm	0 mm	0 mm	240	240		2	1270 mm	16 mm	标准 - 90 度	标准 - 90 度	16 HRB400E	CT 1	Jx1
860 mm	0 mm	0 mm	0 mm	0 mm	0 mm	240	240		2	1270 mm	16 mm	标准 - 90 度	标准 - 90 度	16 HRB400E	CT 1	Jx1
860 mm	0 mm	0 mm	0 mm	0 mm	0 mm	240	240		2	1270 mm	16 mm	标准 - 90 度	标准 - 90 度	16 HRB400E	CT 1	Jx1
860 mm	0 mm	0 mm	0 mm	0 mm	0 mm	240	240		2	1270 mm	16 mm	标准 - 90 度	标准 - 90 度	16 HRB400E	CT 1	Jx1
860 mm	0 mm	0 mm	0 mm	0 mm	0 mm	240	240		2	1270 mm	16 mm	标准 - 90 度	标准 - 90 度	16 HRB400E	CT 1	Ux6
860 mm	0 mm	0 mm	0 mm	0 mm	0 mm	240	240		2	1270 mm	16 mm	标准 - 90 度	标准 - 90 度	16 HRB400E	CT 1	Ux6
860 mm	0 mm	0 mm	0 mm	0 mm	0 mm	240	240		2	1270 mm	16 mm	标准 - 90 度	标准 - 90 度	16 HRB400E	CT 1	Ux6
860 mm	0 mm	0 mm	0 mm	0 mm	0 mm	240	240		2	1270 mm	16 mm	标准 - 90 度	标准 - 90 度	16 HRB400E	CT 1	Ux6

图 6-24　钢筋料单

在项目中通过 BIM 来辅助进度计划的编制以及进度计划的执行，将进度计划、现场实施情况与 BIM 模型进行深度关联，在 BIM 模型中实时反映现场施工情况与计划进度的对比，及时进行项目的进度的纠偏，有效把控项目进度计划的实施。

3. 安全管理

通过在现场发现安全隐患点，上传到平台，并传送消息到相应责任人，要求第一时间进行整改，实现安全问题“即发现、即处理”，加强施工过程中的安全，如图 6-25 所示。

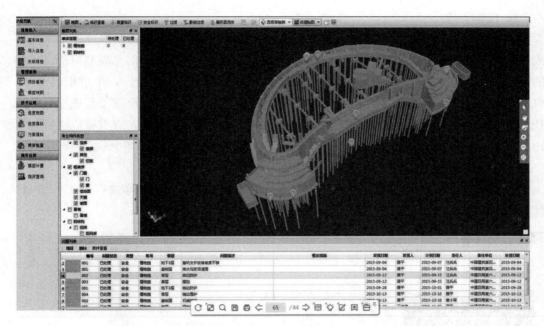

图 6-25　安全管理

此外，还可以通过模型辅助分析和排除现场不安全因素，通过 BIM 进行文明施工、现场脚手架搭设、洞口、道口和悬挑处的防护措施等检查工作，为现场安全保驾护航。

4. 质量管理

施工过程的质量管理是项目管理的核心内容。利用模型结构，将施工过程的材料进场、半成品加工、技术复核、隐蔽验收、分部分项验收、工程技术资料等环节质量信息进行统一管理。在项目施工之前做好 BIM 数字化样板，利用数字化样板进行技术交底，管理人员通过移动终端，将数字化样板、CAD 图纸、工程规范、表格等电子档案输入平板电脑中，在现场进行 BIM 模型与实物的对比，将现场发现的问题拍摄、上传、记录，保证问题及时地处理提高管理效率和质量（图 6-26）。

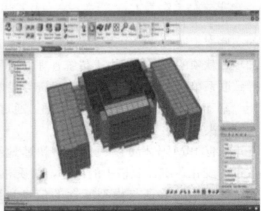

图 6-26　移动端质量管理

5. 成本管理

成本控制是项目管理中的重中之重。在对工程项目进行 5D 仿真模拟过程中，可得到所有建筑部品构件的准确工程量，极大地方便了造价控制。建筑信息模型对部品构件的编号、材料属性、工程用量等进行了汇总，可直接进行工程量统计，生成用料清单，更加准确快捷地统计出混凝土、钢材等材料用量情况。若施工过程出现工程变更，BIM 技术也可以很快统计出变更后的工程量信息，使成本管理更加高效，有效避免了额外费用的发生。

6. 物料管理

通过深化设计模型输出料单（图 6-27），根据实际进度合理安排供料时间和数量，使资金利用率最大化，进行资源、资金的动态管控。

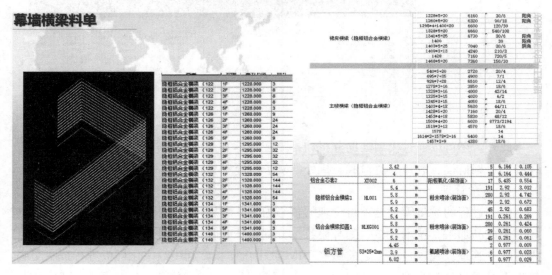

图 6-27　通过模型输出料单

7. 工程变更管理

几乎所有的工程项目，在施工过程中都可能会遇到因为设计错误或某些需要而进行的一些变更调整，施工方以联系单（即施工变更单）为依据进行变更，并进行决算时追加项目款项的依据。但由于传统管理方式和手段的缺失，管理过程中存在较大的漏洞，导致联系单满天飞，而施工方与投资方互相扯皮的情况。

基于 BIM 技术的工程变更管理，通过模型真实信息来解决变更是否必要的问题，并解决决算中的变更统计问题。

依据 BIM 技术可以根据模型快速地统计出变更后的工程量，比如尺寸、材质、数量的变化，统计表格中的尺寸，材质和数量也会自动根据所做的改动而做出调整，使统计表中的数据与模型所含的信息量始终保持一致，降低了统计过程中出错的概率。

在施工阶段，使用共享 BIM 模型可以实现对设计变更的有效管理和动态控制。通过设计模型文件数据关联和远程更新，BIM模型随设计变更而即时更新，减少了设计师与业主、监理、承包商、材料供应商之间的信息传递时间，项目管理方可以通过BIM模型的可视化及其相应的项目配套信息，审核变更的必要性，实现造价的控制和有序管理。

6.5　竣工交付阶段

BIM技术在竣工交付阶段中的管理应用，主要体现在数字资产移交和基于三维可视化的成果验收。

很多企业在工程完成时不重视相关资料的保存，造成工程收尾时许多的资料缺失，图纸不全，甚至一些信息记录不完整的情况出现。使用BIM技术后，施工企业将施工过程的记录信息与BIM关联，将BIM模型作为核心交付物向建设单位竣工验收交付，把以2D图纸、纸质文档为基础的竣工成果交付手段转变为3D模型为基础的数字资料验收交付手段。BIM竣工模型中包含建筑、结构和机电设备等专业内容，还包含材料、荷载、技术参数和指标等设计信息，质量、安全、耗材、成本等施工信息，以及构件与设备信息等。在项目未来翻新、改造、扩建过程中，管理单位可将BIM模型结合运营维护管理系统，随时在电子模型内查阅有关材料安装使用情况等历史信息。充分发挥空间定位和数据记录的优势，跟踪维护状态、实时查看工程构件、运营设备状态、主要材料和相应资产信息，并提供交互式场景漫游，为后续的相关运行管理带来便利。

图6-28是通过某项目交付的BIM模型，可以查看设备的相关信息，相对于图纸与文档更加直观生动，查阅起来也更为方便。

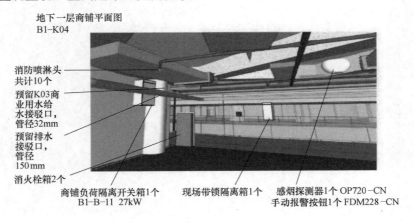

图 6-28　竣工交付模型的信息化

6.6 小 结

本教学单元通过 BIM 技术在招投标阶段、深化设计阶段、建造准备阶段、建造阶段和竣工交付阶段的应用情况介绍及价值分析，总结出 BIM 在施工阶段对加强建筑施工管理、提高建筑产品质量、提高施工效率、降低建造成本等方面的重要意义。

BIM 在施工阶段的应用，为施工企业的发展带来巨大效益，并直接促使建筑行业各领域的变革和发展。总的来说，BIM 技术的应用对于整个施工行业的发展都具有划时代的意义。采用什么样的措施才能最大程度地发挥它的优势和能力，更好地帮助我们进行工作，是需要我们未来共同探讨的问题。

教学单元 7

BIM 在运营阶段的应用

【教学目标】 通过本单元的学习，使学生对 BIM 在运维阶段的应用点有基本的概念认识；了解空间管理、资产管理、维护管理、公共安全管理以及能耗管理的定义和特点；初步具备根据运维阶段的不同需求选择软硬件工具的能力。

BIM 在运营阶段的应用点目前主要包括空间管理、资产管理、运行维护管理、公共安全管理、能耗管理等方面，下面我们对其进行简要的介绍。

7.1 空 间 管 理

我们现在所说的建筑物空间管理，其中的空间通常指建筑物内部的功能空间。从建筑设计角度来说，内部空间通常由六个面（地面、顶棚和四个墙面）围合而成，其中既包括了日常使用所需的各类可见空间，也包含了建筑内部的各项隐蔽工程所占用的隐蔽空间。

在运营阶段中，空间管理是业主为节省空间成本、有效利用空间、为最终用户提供良好工作生活环境而对建筑空间所做的管理。我们知道，传统的运营管理系统中空间管理一直是一个较弱的环节。由于 2D 图纸和文档资料均无法完全直观地反映建筑物内部的空间状况，经常会导致业主或者委托管理方对空间功能和容量的误判。在空间管理中引入 BIM 技术不仅可以用于有效管理建筑设施及资产等资源，也可以帮助管理团队记录空间的使用情况，处理最终用户要求空间变更的请求，分析现有空间的使用情况，合理分配建筑物空间，确保空间资源的最大利用率。

同时，BIM 在隐蔽工程的空间管理中也能起到重要的作用。在使用 BIM 技术进行空间管理后，能够便于电力、电信、煤气、供水、污水、天然气、热力等各种设备设施及管网等运行维护与定位。基于我国设计与施工工种划分的原因，相当一部分地下管线资料难以集中显示，某些设施甚至只有少数人知道它们的档案信息，随着建筑使用年限增加，技术管理人员更换，各种安全隐患显得日益突出。隐蔽管线信息了解不全困扰着很多建筑管理者，因为工人挖断地下管线、施工机械误触到高压电缆酿成的恶性爆炸伤人事故也常见诸媒体。使用了 BIM 技术后，我们可以将隐蔽空间存在的管线位置实时显示，甚至结合 VR 或 AR 技术对其进行现场定位，这一功能不仅在建筑的空间管理中应用，目前更多被用在市政管网管理中，如图 7-1 所示。

图 7-1　市政管网 BIM 定位

　　从技术层面上来说，应用 BIM 进行空间管理首先要使管理端具备双向的三维模型操控能力，即管理软件与信息模型存档的无缝整合，这既包括了管理端对模型的修改和调整功能，也包含了对空间映射和附加信息录入的功能。

　　对于空间管理团队的技术人员，应具备的技能要素包括：模型操控、漫游、检查存档模型的能力；评估现有空间和资产当前及未来的需求的管理能力；设施管理软件应用的知识；有效整合存档模型与设施管理软件且与客户需求相关联的软件能力等。

7.2　资产管理（FM）

　　FM 管理体系，其核心理念在于流程整合。将项目设计阶段和竣工后的运营阶段进行有机对接，使得在 BIM 模型建立之前就引入 FM 对信息的需求，因此，广义上的资产管理其实覆盖了整个运维阶段，因为建筑本身也是资产设备的集合体。

　　而仅从运营阶段的建筑内部资产管理方面来看，运营阶段的资产管理对系统的依赖极大，一套有序的资产管理系统将有效提升建筑资产或设施的管理水平，但由于建筑施工和运营的信息割裂，使得这些资产信息需要在运营初期依赖大量的人工操作来录入，而且很容易出现数据录入错误，因此对于管理方而言资产移交阶段如何获得有效、可靠和整合良好的项目数据一直是资产管理的难点问题之一。

　　通过 BIM 技术的应用，在前期明确设定好项目各阶段成果目标的前提下，竣工阶段 BIM 成果中包含的大量建筑信息能够直接进行移交，并顺利导入资产管理系统，从而大大减少了系统初始化在数据准备方面的时间及人力投入。同时，由 BIM 成果导入的数据来源整合程度高，即使存在部分数据信息需要调整修改，也可以在较短的时间内完成关联操作，不至于增加大量的校对和复核劳动。此外由于传统的资产管理系统本身无法准确定位资产位置，通过 BIM 结合 RFID（无线射频技术）的资产标签芯片还可以

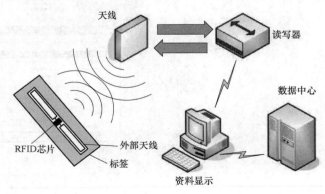

图 7-2　RFID 工作原理

使资产在建筑物中的定位及相关参数信息一目了然，快速查询。图 7-2 为 RFID 工作原理。

针对资产管理的需求，管理人员除了具备管理专业知识之外，还应具备信息补充录入的操作能力和传感器设备（如 RFID 终端）的相关维护能力。

7.3　运行维护管理

在建筑物使用寿命期间，建筑物结构部件（如墙、楼板、屋顶等）和设备设施（如设备、管道等）都需要不断得到维护。一个成功的维护方案将提高建筑物性能，降低能耗和修理费用，进而降低总体维护成本。BIM 模型结合运营维护管理系统可以充分发挥空间定位和数据记录的优势，合理制定维护计划，分配专人专项维护工作，以降低建筑物在使用过程中出现突发状况的概率。对一些重要设备还可以跟踪维护工作的历史记录，以便对设备的适用状态提前作出判断。特别是对于有些具有使用期限的设备或需要定期检查的设备，如灭火器、消防栓、电梯、疏散防火设施等等，引入基于 BIM 的维护管理系统能够极大地避免由于人为的疏漏或记录不到位带来的设备质量问题乃至安全隐患。

目前，维护管理是 BIM 应用在运营阶段效益比较高的方面之一。由于 BIM 带来的维护计划更新和维护手段变化，体量越大、功能越复杂的建筑物在维护方面的效益越加显著，常常能将传统管理方式中数十人的机修班队伍精简至十几人甚至几个人。图 7-3 为设备状态在 BIM 中的显示。

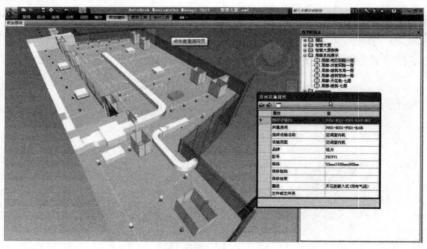

图 7-3　设备状态

7.4 公共安全管理

　　BIM 在公共安全方面的一个重要作用是灾害的分析和突发情况应对。利用既有的 BIM 模型及相应的灾害分析模拟软件，可以在灾害未发生时模拟灾害发生的过程，分析灾害发生的原因，制定避免灾害发生的措施以及发生灾害后人员疏散、救援支持的应急预案。当灾害发生后，我们可以利用 BIM 模型精确定位的特性向救援人员提供紧急状况点的完整信息，这将有效提高突发状况应对措施。此外，楼宇自动化系统能及时获取建筑物及设备的状态信息，通过 BIM 体系和楼宇自动化系统的结合，使得运维管理系统中使用的 BIM 模型能清晰地呈现出建筑物内部紧急状况的位置以及到紧急状况点最合适的路线，救援人员可以由此做出正确的现场处置，提高应急行动的成效。图 7-4 为某专用 BIM 疏散模拟软件操作界面。

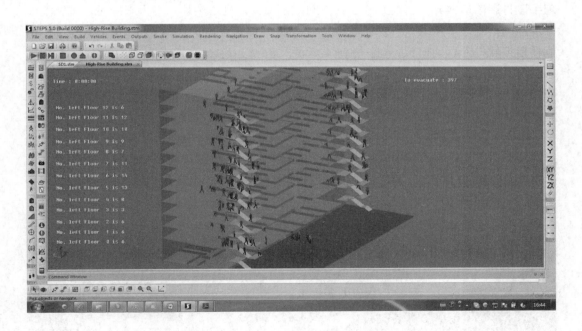

图 7-4 BIM 疏散模拟

　　由于 BIM 模型在管理系统中可以即时修改变更的特性，在建筑物内部空间分隔发生变化时，能够即时从新进行安全分析模拟，对不合理的空间分隔进行纠正，及时给出最新的应急疏散和救援方案，这也是传统的公共安全管理方案中比较薄弱的一点。

7.5 能 耗 管 理

BIM 技术的应用中，对于建筑能耗的管理早在设计阶段就开始进行了。设计前期，可以通过分析模拟软件，对方案进行多次校核，来得到优化后的设计方案，从而得到较为合理的预期能耗，常见的分析软件在前文中有过简单介绍。在运维管理阶段，能耗管理主要是对建筑全生命周期中的运行周期进行能耗监控。这方面在目前的应用中主要可以以 BIM 模型为大数据基础，通过数据库接口将模型与能耗监控设备（如电表、水表、燃气表等）进行实时匹配，然后经由数据分析发现能耗异常的节点、设备或区域，从而进行精细化的管控。

同时，利用 BIM 技术带来的信息联动，运维能耗管理方面也能够基于实时环境即时调整控制策略。目前我们经常使用的根据季节来给予固定温度、湿度设置的粗放式管理手段将逐渐被摒弃，当前某些公共空间发生的：走进去热死，走出来冷死；室内室外温度颠倒；不该干燥的天气仍然除湿等情况将能够被改善。图 7-5 为 BIM 模型与建筑能耗模拟软件的联动模拟。

图 7-5 BIM 应用于能耗模拟

7.6　小　结

通过本教学单元的学习，我们了解了 BIM 介入建筑运营阶段的工作特点，主要利用 BIM 的可视化、可模拟性和信息及时更新的特征来为运维人员提供直观的和数据上的支持，并能通过对模拟结果的反馈来提高空间利用率，改进运维策略，降低生命周期能耗和使用成本。

第三篇

BIM 在大数据环境下的拓展应用

教学单元 8

BIM 与 BIM+

【教学目标】通过本单元的学习，使学生对 BIM 和大数据之间的关系有正确的理解；熟悉各种"BIM＋"技术手段的作用、特点和发展现状；了解各种 BIM 拓展应用所需的软硬件工具特征和应用范围；初步具备根据应用需求，选择专业产品或服务的知识和能力。

大数据的概念在这些年深入人心，BIM 作为城市大数据的一个重要基础，必然会随着大数据环境的发展而产生各种各样新的应用方面，下面我们就一些拓展应用进行讨论。

8.1　BIM＋PM

PM 即（Project Management），是项目管理的英文缩写，是指在限定的工期、质量、费用目标内对项目进行综合管理以实现预定目标的管理工作。BIM 技术与 PM 集成应用主要通过建立 BIM 应用软件与项目管理系统之间的数据转换接口，从而利用 BIM 的直观性、可分析性、可共享性及可管理性等特性，为项目管理的各项业务提供准确及时的基础数据和技术分析手段，配合项目管理流程、统计分析等管理手段，实现数据产生、数据使用、流程审批、动态统计、决策分析的完整循环，从而提升项目综合管理能力和管理效率。

BIM 与 PM 集成应用，可以为项目管理提供可视化管理手段。例如，二者集成的 4D 管理应用，可直观反映出建筑整体或局部的施工过程和形象进度，帮助项目管理人员合理制订施工计划、优化使用施工资源。同时，二者集成应用可为项目管理提供更有效的分析手段。例如，针对特定的楼层，在 BIM 集成模型中获取预期收益、计划成本，在项目管理系统中获取实际成本数据，并进行三算对比分析，辅助动态成本管理。此

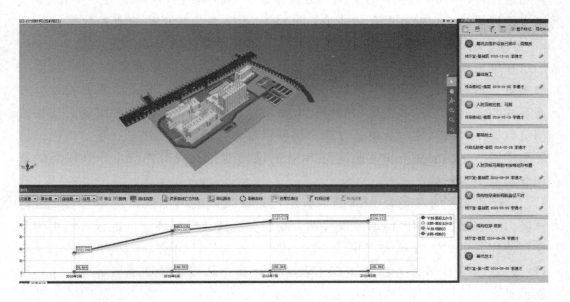

图 8-1　BIM 形象进度控制

外，二者集成应用还可以为项目管理提供数据支持。例如，利用 BIM 综合模型可方便快捷地为成本测算、材料管理以及审核分包工程量等业务提供数据，在大幅提升工作效率的同时，也可有效提高决策水平。

BIM＋PM 的项目应用模式目前在国内已经被大部分具备一定实力的施工企业和总承包企业使用。但是绝大部分企业还没有形成完整的管理循环，点式应用手段还较多。目前大部分企业使用的应用点集中于形象进度管理、计划控制和成本测算中，在施工的精细化控制方面还有大量的潜力和应用点可以挖掘，因此还存在着很大的继续应用空间，尤其是如何将 BIM 作为大数据的基础全过程管控项目方面还需要投入更多研究和实践。图 8-1 为 BIM 形象进度控制示例。

8.2 BIM＋云计算

云计算是一种基于互联网的计算方式，以这种方式共享的软硬件和信息资源可以按需提供给计算机和其他终端使用。BIM 与云计算集成应用，是利用云计算的优势将BIM 应用转化为 BIM 云服务，目前已经有不少企业进行了相关的尝试，并且已有一些初步的成果供建设方选择使用。

区别于单机存储和计算的体系，云计算调用了互联网各个计算终端强大的计算能力，可将 BIM 应用中计算量大且复杂的工作转移到云端，以提升计算效率；基于云计算的大规模数据存储能力，可将 BIM 模型及其相关的业务数据同步到云，方便用户随时随地访问并与协作者共享；云计算使得 BIM 技术走出办公室，用户在施工现场可通过移动设备随时连接云服务，及时获取所需的 BIM 数据和服务等。目前我们看到的各种移动端 4D 管理应用程序，或多或少都在云计算方面有其相应的应用。如在模型轻量化方面，移动端因为硬件功能的限制无法快速浏览数据量大的软件，通过云计算和模型轻量化，可以让使用者在基本不损失信息和图像质量的前提下快速地浏览 BIM 三维模型并查阅构件信息，令现场的管理和沟通更为便捷。

云计算能力的发展为 BIM 的后续应用带来无限的可能性，理论上只要云计算能力足够强大，同时网络环境成熟，我们就能够在现场环境下进行功能更为复杂、数据量更大、现场表现更优秀的 BIM 工程应用。当前，包括 Autodesk、鲁班、广联达等 BIM 服务商都正在拓展其云计算产品和云计算现场解决方案，可以预见，在后续的 BIM 应用中云计算的应用会更为普及。图 8-2 为 BIM 云计算应用架构的示意图。

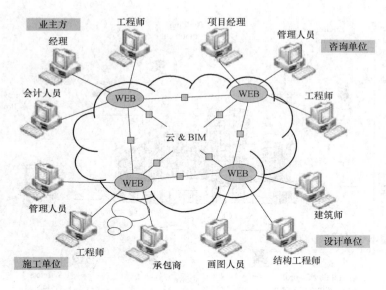

图 8-2　BIM 云计算应用架构

8.3　BIM＋物联网

　　物联网是通过射频识别、红外感应器、全球定位系统、激光扫描器等信息传感设备，按约定的协议将物品与互联网相连进行信息交换和通信，以实现智能化识别、定位、跟踪、监控和管理的一种网络。

　　BIM 与物联网集成应用，实质上是建筑全过程信息的集成与融合。BIM 技术发挥上层信息集成、交互、展示和管理的作用，而物联网技术则承担底层信息感知、采集、传递、监控的功能。二者集成应用可以实现建筑全过程"信息流闭环"，实现虚拟信息化管理与实体环境硬件之间的有机融合。目前 BIM 在设计阶段应用较多，并开始向建造和运维阶段应用延伸。物联网应用目前主要集中在建造和运维阶段，我们一般这样认为，BIM 模型是城市大数据虚拟母板，而物联网则将功能配件插入到了模板中去，从而形成特定的模拟效果，二者集成应用将会产生极大的附加价值。举个例子，目前在国内已经十分普及的互联网探头监控系统就是一种以监控功能为主的物联网应用，其主要采集的是初级的视频和音频信息；在物联网技术进一步进入实用后，我们还能通过传感设备采集特定区域的热环境信息、光环境信息、能耗信息、污染物信息等，并将其集成到以 BIM 为基础的城市大数据系统中，为管理和决策提供第一手准确的资料。图 8-3 为建筑物联网设备分类示意。

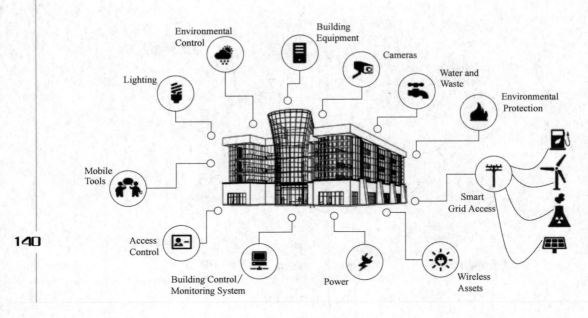

图 8-3　建筑物联网设备

8.4　BIM＋数字化加工

　　数字化定义是将不同类型的信息转变为可以度量的数字，将这些数字保存在适当的模型中，再将模型引入计算机进行处理的过程。而数字化加工则是在应用已经建立的数字模型基础上，利用生产设备完成对产品的加工。

　　BIM 技术与数字化加工进行集成，意味着将 BIM 模型中的数据转换成数字化加工所需的数字模型，制造设备可根据该模型进行数字化加工。目前，其结合应用主要应用在预制混凝土/装配式混凝土构件的生产、管线预制加工和钢结构加工 3 个方面。首先，工厂精密机械自动完成建筑物构件的预制加工，不仅制造出的构件误差小，生产效率也可大幅提高；其次，建筑中的门窗、整体卫浴、预制混凝土结构和钢结构等许多构件，均可异地加工，再被运到施工现场进行装配，既可缩短建造工期，也容易掌控质量。因此，BIM 技术与数字化加工的结合是当前形势下力推装配式建筑结构的一个必要技术组合，充分引入 BIM 技术与数字化加工，可以减少装配式开模的不必要浪费，提高生产率和辅件周转率。图 8-4 为 BIM 支持装配式与数字化加工的示意图。

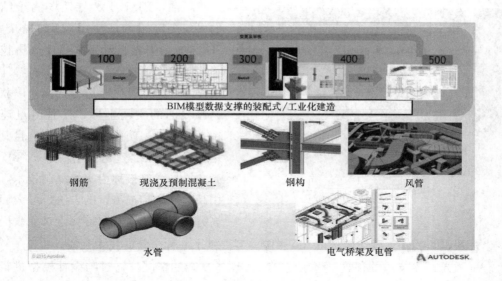

图 8-4　BIM 与装配式建造

8.5　BIM＋智能现场测绘

施工现场测绘是工程测量的重要内容，包括施工控制网的建立、建筑物的放样、施工期间的变形观测和竣工测量等内容。近年来，外观造型复杂的超大、超高建筑日益增多，测量放样主要使用全站型电子速测仪（简称全站仪）。随着新技术的应用，全站仪逐步向自动化、智能化方向发展。智能型全站仪由马达驱动，在相关应用程序控制下，在无人干预的情况下可自动完成多个目标的识别、照准与测量，且在无反射棱镜的情况下可对一般目标直接测距。

BIM 与智能型全站仪集成应用，是通过对软件、硬件进行整合，将 BIM 模型带入施工现场，利用模型中的三维空间坐标数据驱动智能型全站仪进行测量。二者集成应用，将现场测绘所得的实际建造结构信息与模型中的数据进行对比，核对现场施工环境与 BIM 模型之间的偏差，为机电、精装、幕墙等专业的深化设计提供依据。同时，利用智能型全站仪高效精确的放样定位功能，结合施工现场轴线、控制点及标高控制线，可高效快速地将设计成果在施工现场进行标定，实现精确的施工现场放样，并为施工人员提供更加准确直观的施工指导。此外，基于智能型全站仪精确的现场数据采集功能，在施工完成后对现场实物进行实测实量，通过对实测数据与设计数据进行对比，检查施工质量是否符合要求。图 8-5 为智能全站仪放样现场。

图 8-5　智能全站仪放样

目前，BIM 技术与现场测绘结合的另一个应用点是使用 3D 扫描技术。3D 扫描是集光、机、电和计算机技术于一体的高新技术，主要用于对物体空间外形、结构及色彩进行扫描，以获得物体表面的空间坐标，具有测量速度快、精度高、使用方便等优点，且其测量结果可直接与多种软件接口。3D 激光扫描技术又被称为实景复制技术，采用高速激光扫描测量的方法，可大面积高分辨率地快速获取被测量对象表面的

142

3D 坐标数据，为快速建立物体的 3D 影像模型提供了一种全新的技术手段。

　　3D 激光扫描技术可有效完整地记录工程现场复杂的情况，通过与设计模型进行对比，直观地反映出现场真实的施工情况，为工程检验等工作带来巨大帮助。同时，针对一些古建类建筑，3D 激光扫描技术可快速准确地形成电子化记录，形成数字化存档信息，方便后续的修缮改造等工作。此外，对于现场难以修改的施工现状，可通过 3D 激光扫描技术得到现场真实信息，为其量身定做装饰构件等材料。BIM 与 3D 扫描集成，是将 BIM 模型与所对应的 3D 扫描模型进行对比、转化和协调，达到辅助工程质量检查、快速建模、减少返工的目的，可解决很多传统方法无法解决的问题。当前，在大型项目中常引入大空间 3D 激光扫描技术，通过获取复杂的现场环境及空间目标的 3D 立体信息，快速重构目标的 3D 模型及线、面、体、空间等各种带有 3D 坐标的数据，再现客观事物真实的形态特性。同时，将依据点云建立的 3D 模型与原设计模型进行对比，检查现场施工情况，并通过采集现场真实的管线及龙骨数据建立模型，作为后期装饰等专业深化设计的基础。BIM 与 3D 扫描技术的集成应用不仅提高了该项目的施工质量检查效率和准确性，也为装饰等专业深化设计提供了依据。目前工程上使用的 3D 激光扫描仪既有支架式的，也有手持便携式的，能够适应各种工况下的 3D 扫描操作需求。图 8-6 为 3D 激光扫描仪工作状态。

图 8-6　3D 激光扫描仪

8.6　BIM＋GIS

地理信息系统是用于管理地理空间分布数据的计算机信息系统，以直观的地理图形方式获取、存储、管理、计算、分析和显示与地球表面位置相关的各种数据，其英文缩写为 GIS（Geographic Information System 或 Geo-Information system）。BIM 与 GIS 集成应用，是通过数据集成、系统集成或应用集成来实现的，可在 BIM 应用中集成 GIS，也可以在 GIS 应用中集成 BIM，或是 BIM 与 GIS 深度集成，以发挥各自优势，拓展应用领域。目前，二者集成在城市规划、城市交通分析、城市微环境分析、市政管网管理、住宅小区规划、数字防灾、既有建筑改造等诸多领域有所应用，与各自单独应用相比，在建模质量、分析精度、决策效率、成本控制水平等方面都有明显提高。

GIS 目前在项目中与 BIM 的对接应用在硬件上经常借助无人机航拍实现，因此在实际操作中技术人员除了掌握 GIS 工具软件和 BIM 工具之外，还需要有较为熟练的无人机操控技能。图 8-7 为无人机航拍实施 GIS 数据采集的界面。

图 8-7　无人机航拍界面

目前，GIS 与 BIM 相互对接的主要问题在于 BIM 应用。往往在 BIM 策划时，对于 GIS 的应用怎样对接并没有明确的规定，导致实际使用的困难；或者是 BIM 数据格式与 3DGIS 系统之间的相互兼容性存在问题；更有存在的是应用方对结合的效益不甚明了，没有深度结合应用 BIM 和 GIS 系统的动力。随着技术手段的发展和相关方面意识的进步，BIM 和 GIS 系统的结合应用日益普及也是一个必然趋势。

8.7 BIM＋虚拟现实

虚拟现实，也称作虚拟环境或虚拟真实环境（Virtual Reality，简称 VR），是一种三维环境技术，集先进的计算机技术、传感与测量技术、仿真技术、微电子技术等为一体，借此产生逼真的视、听、触、力等三维感觉环境，形成一种虚拟世界。虚拟现实技术是人们运用计算机对复杂数据进行的可视化操作，与传统的人机界面以及流行的视窗操作相比，虚拟现实在技术思想上有了质的飞跃。

BIM 技术在实际应用中能够建立涵盖建筑工程全生命周期的模型信息库，并实现各个阶段、不同专业之间基于模型的信息集成和共享。BIM 与虚拟现实技术集成应用，主要内容包括虚拟场景构建、施工进度模拟、复杂局部施工方案模拟、施工成本模拟、多维模型信息联合模拟以及交互式场景漫游，目的是应用 BIM 信息库，辅助虚拟现实技术更好地在建筑工程项目全生命周期中应用。

BIM 与虚拟现实技术集成应用，可提高模拟的真实性。传统的二维、三维表达方式，只能传递建筑物单一尺度的部分信息，使用虚拟现实技术可展示一栋生动的虚拟建筑物，使人觉得身临其境。同时可以将任意相关信息整合到已建模的虚拟场景中，进行多维模型信息联合模拟。可以实时、任意视角地查看各种信息与模型的关系，指导设计、施工，辅助监理、监测人员开展相关工作。

BIM 与虚拟现实技术集成应用，可提高模拟工作中的可交互性。在虚拟的三维场景中，可以实时地切换不同的施工方案，在同一个观察点或同一个观察序列中感受不同的施工过程，有助于比较不同施工方案的优势与不足，以确定最佳施工方案。同时，还可以对某个特定的局部进行修改，并实时地与修改前的方案进行分析比较。此外，还可以直接观察整个施工过程的三维虚拟环境，快速查看到不合理或者错误之处，避免施工过程中的返工。

目前，除了直接与虚拟现实技术结合外，BIM 也开始和增强现实技术（Augmented Reality，简称 AR）相结合，借助 BIM 模型的精确定位，AR 工具和外设也能为现场技术人员提供最直观的数据支持，从而使现场的工作更为准确、迅速和轻松。图 8-8 为某小型工地应用 AR 后得到的视图。

图 8-8 AR 视图

8.8　小　　结

本教学单元讨论了 BIM 在大数据环境下与 PM、云计算、物联网、数字化加工、现场测绘、GIS 系统以及虚拟现实技术等方面进行协作应用的一些方向。其中，不少应用已经成为现实，并在实际工程和建筑运行中产生效益；大量的可能应用方向也正在被提出并逐渐实现。可以预期的是 BIM＋的应用在今后将不断发展，在大数据环境日趋完善的条件下，我们将能够应用 BIM 技术为人们带来更多的便利和效益。

参 考 文 献

[1] 姜曦，王君峰，程帅，陈晓. BIM 导论［M］. 北京：清华大学出版社，2017.

[2] https：//baijiahao. baidu. com/s? id＝1568468783596967&wfr＝spider&for＝pc.

[3] https：//baike. baidu. com/item/%E5%8F%82%E6%95%B0%E5%8C%96%E8%AE%BE%E8%AE%A1/484574? fr＝aladdin.

[4] 任江，吴小员. BIM 数据集成驱动可持续设计［M］. 北京：机械工业出版社，2014.

[5] 杨宝明. BIM 改变建筑业［M］. 北京：中国建筑工业出版社，2017.

[6] 中国中建地产有限公司课题组. 业主方怎样用 BIM［M］. 北京：中国建筑工业出版社，2016.

[7] 颜和平，罗国基，陈娟，商丽梅，胡欣予. BIM 在工程造价管理应用中的问题与对策研究—以 BIM 技术在湖南省工程造价行业的应用为例［J］. 财务与金融，2017（6）.

[8] BIM 工程技术人员专业技能培训用书委员会. BIM 应用于项目管理［M］. 北京：中国建筑工业出版社，2016.

[9] 于晓明. BIM 在施工企业中深入实践与应用探索［R］. 南昌，2016.

[10] 何关培. 建立企业级 BIM 生产力需要哪些 BIM 专业应用人才？［J］. 土木建筑工程信息技术，2012，4（1）.

[11] 张连营，李彦伟，高源. BIM 技术的应用障碍及对策分析［J］. 土木工程与管理学报. 2013，30（3）.

[12] 刘保石，贺灵童. 企业如何打造 BIM 技术团队［J］. 施工企业管理，2013，12.

[13] 殷美贞. BIM 技术在招投标阶段的应用价值分析［J］. 江西建材，2016，（23）.

[14] 汪萍，刘刚，张临胜. BIM 技术在工程招投标管理中的应用［J］. 实践交流，2014（7）.

[15] 姚瑶. 基于 BIM 的招投标应用研究［J］. 安徽建筑，2016（6）.

[16] 王陈远. 基于 BIM 的深化设计管理研究［J］. 工程管理学报，2012，26（4）.

[17] 孙苗. BIM 技术在施工企业的应用研究［D］. 西安. 西安理工大学. 2014.

[18] BIM 工程技术人员专业技能培训用书编委会. BIM 应用与项目管理［M］. 北京：中国建筑工业出版社，2016.

[19] 蒋孝云. 施工企业基于 BIM 技术的应用研究［J］. 铁道建筑技术，2017（10）.

[20] 徐勇戈，孔凡楼，高志坚. BIM 概论［M］. 西安：西安交通大学出版社，2016.

[21] 许蓁，于洁. BIM 应用·设计［M］. 上海：同济大学出版社，2016.

[22] BIM 工程技术人员专业技能培训用书委员会. BIM 技术概论［M］. 北京：中国建筑工业出版社，2016.

[23] 葛文兰，于晓明，何波. BIM 第二维度—项目不同参与方的 BIM 应用［M］. 北京：中国建筑工业出版社，2011.

[24] BIM 工程技术人员专业技能培训用书编委会. BIM 应用与管理［M］. 北京：中国建筑工业出版社，2016.

[25] Chuck Eastman，Bim Handbook［M］，USA，Wiley，2011.

[26] 何关培. 那个叫 BIM 的东西究竟是什么［M］. 北京：中国建筑工业出版社，2011.

[27] 何关培. BIM 应用决策指南 20 讲［M］. 北京：中国建筑工业出版社，2016.

[28] http：//blog. sina. com. cn/s/blog_12e7f4d020102wf8b. html.

[29] https：//wenku. baidu. com/view/0edaafc967ec102de3bd8986. html.